U0214522

健康花草

在家养

涟漪◎主编

海峡出版发行集团
THE STRAITS PUBLISHING & DISTRIBUTING GROUP | 福建科学技术出版社
FUJIAN SCIENCE & TECHNOLOGY PUBLISHING HOUSE

主　编　涟漪

参　编　胡　婧　郭育煌　吕梦林　李　强　顾梦佳
　　　　徐　超　李旭东　杨　珊　李　欣　徐文江
　　　　金丽梅　陈云华　范晓丽　李君红　高　锐
　　　　齐　毅　于秀丽　郎小芳　冯　爽　王媛媛
　　　　黎　艳　周　琴　胡水源　黄雪莲　徐　宁

图书在版编目 (CIP) 数据

健康花草在家养 / 涟漪主编 . —福州：福建科学
技术出版社，2018.4
　　ISBN 978-7-5335-5492-7

　　Ⅰ . ①健… Ⅱ . ①涟… Ⅲ . ①花卉－观赏园艺 Ⅳ .
① S68

中国版本图书馆 CIP 数据核字（2017）第 294858 号

书　　　名　健康花草在家养
主　　　编　涟漪
出版发行　海峡出版发行集团
　　　　　　福建科学技术出版社
社　　　址　福州市东水路76号（邮编350001）
网　　　址　www.fjstp.com
经　　　销　福建新华发行（集团）有限责任公司
印　　　刷　福建彩色印刷有限公司
开　　　本　700毫米×1000毫米　1 / 16
印　　　张　12
图　　　文　192码
版　　　次　2018年4月第1版
印　　　次　2018年4月第1次印刷
书　　　号　ISBN 978-7-5335-5492-7
定　　　价　39.00元
　　　　　　书中如有印装质量问题，可直接向本社调换

前言

城市中，很多人得了一种叫"孤寂"的病。明明每天在人潮中来来往往，却总是感觉特别孤单、寂寞。情绪是种奇怪的东西，调节情绪也很奇妙，比如与花草树木为伴，即能摆脱消极情绪，使人感到清新、宁静。城市里如今很难见到成片的森林了，但是在窗前、案头摆放花草还是不难实现的。

花草的苗壮生长需要养花人通盘考虑这些元素：土、盆、水、肥、日照、通风。可以说，适合花草生长的居室环境，也必定适合人类生活；让人昏昏欲睡的房间一般养不出好的花草。所以，养花竟然是我们打造舒适环境、追求美好生活的动力！

养花人的日常管理，大概每天是从赏花开始的，施肥、浇水、修枝、剪叶，东闻闻西看看，整个过程都伴随着快乐的心情。

对于养花高手而言，养花是一件水到渠成的事。找来种子，把它变成小苗，然后开花，结果，一切都是那么顺理成章。但对于养花"菜鸟"而言，养花总是困难重重：好花养不活、养活了也不开花、开花也并不繁茂等现象屡见不鲜。其实完全可以跟着本书"按图索骥"，通过实践慢慢积累经验。每种花草都有习性，但因为各位花友所处的地方不同、气候条件不同，日照、通风等都和书里说的不同，所以看书很重要，实践也很重要。这本书会领你入门，但要成为养花高手，你需要实践。有的花草很娇贵，需要丰富的经验和周到的呵护才能养好；有的花草很好养，俗称"懒人之友"，但如果养花人长期对它疏忽，导致出现土壤板结、缺水等问题，再好养的品种也难以呈现出苗壮的姿态。

用心，做什么都要用心，包括育苗、修剪、打顶、施肥、浇水……我相信，各位读者一定能在这份用心中收获愉悦。

目 录

第三章　观赏与食用兼具的花卉 /089

第四章　养眼又可口的阳台蔬果 /161

第一章

花草悦目
更养人

花草与居家健康

花草关乎你的健康

花草，是美的象征，是健康向上的标志。生活中的花草种类繁多，不仅具有观赏价值，而且还有美容养颜、营养滋补及延年益寿、治病强身的功效。花草还能绿化、美化环境，改善局地小气候。生活中到处都有花草的踪影，它与人们的生活有着千丝万缕的联系。

装点居室

在室内外选择具有一定观赏价值的各类花草，如月季、茶花这样的观花植物，金橘、石榴这样的观果植物，文竹、橡皮树这样的观叶植物，按一定的美学原理栽植和摆放，能使你的居住、生活、学习环境美丽舒适，带给人们愉悦的心情。

调节空气

花草树木可以调节温度、湿度。在花草茂盛的地方可以形成相对冬暖夏凉的小环境。这个效果在家感受不明显，想想小树林或公园你就容易领会了。

净化空气

许多花草具有吸附和过滤空气中各种尘埃的功能，还可提供大量的氧气。具备净化功效的花草明星有常春藤、绿萝、吊兰、芦荟等。

医疗保健

花香可使人心情舒畅、消除疲劳，同时又有治疗疾病的作用。此外，花草中有很多品种还是传统的中药材，如杭白菊、石斛、佛手。

美食美容

很多花草也是营养丰富的蔬菜，如白兰花、桂花、仙人掌、玫瑰花、茉莉花等，可做美味蔬菜、糕点。市场上出售的很多花粉美容补品，它们有防衰老、增进食欲、减肥的作用。

监测作用

某些花草遇到某些有毒物质会产生反应。芦荟在二氧化碳、二氧化硫、一氧化碳等有害气体严重之时，叶片上会出现褐色斑点；而丁香对汽车废气敏感，杜鹃、万年青对氮化氢敏感，从而能起到预报预测的作用。甚至有些花木地震前会发生反常的变化。

使人愉悦

花的香味可使人产生愉悦之感，某些花草自古就是芳香疗法的成员。芳香疗法是一种古老的自然疗法，早在古印度，医生就采用檀香、姜、丁香、芫荽子等来除菌、治病。而今，玫瑰、茉莉、柠檬、薄荷、薰衣草……都是芳香疗法中不可替代的角色。

家庭环境中的污染因素

家庭环境的污染主要有甲醛、苯、氨、氡、总挥发性有机物（TVOC）五项，产生污染的因素也有很多，这里做简单的介绍。

造成甲醛污染的因素

装修材料及新的组合家具，泡沫塑料作房屋隔热、御寒的绝缘材料，用甲醛做防腐剂的涂料、化纤地毯、化妆品等产品，室内吸烟。

造成苯污染的因素

室内装修用的涂料，木器漆，胶粘剂，有机溶剂。

造成氨污染的因素

在冬季施工过程中，混凝土墙体中加入的混凝土防冻剂；为了提高混凝土的凝固速度，而使用的高碱混凝土膨胀剂和早强剂。

造成总挥发性有机物污染的因素

建筑材料中的人造板、泡沫隔热材料、塑料板材；室内装饰材料中的油漆、涂料、黏合剂、壁纸、地毯；生活中常用的化妆品、香水、清香剂、洗涤剂等；办公用品，主要是指油墨、复印机、打字机等；家用燃料及吸烟、人体排泄物及室外工业废气、汽车尾气、光化学污染。

净化空气的植物有哪些

随着城市的发展，我们居住环境的空气却变得越来越差。这时候，养一些花草能为我们改善空气质量、净化空气起到很大的帮助。所有的绿色植物都有净化空气的作用，这里仅对一些效果显著的花草做简单的介绍。

吊兰：吊兰不但美观，而且吸附有毒气体效果特别好。

芦荟：芦荟有一定的吸收异味作用，还有美化居室的效果。

平安树：也叫"肉桂"。自身能释放出一种清新的气体，让人精神愉悦。

月季：能吸收硫化氢、氟化氢、苯、乙苯酚、乙醚等气体，对二氧化硫、二氧化氮也有相当的抵抗能力。

杜鹃：是抗二氧化硫等污染较理想的花木。如石岩杜鹃在距二氧化硫污染源300多米的地方也能正常萌芽抽枝。

木槿：能吸收二氧化硫、氯气、

氯化氢等有毒气体。它在距氟污染源 150 米的地方亦能正常生长。

山茶花：能抗御二氧化硫、氯化氢、铬酸和硝酸烟雾等有害物质的侵害，对大气有净化作用。

紫薇：对二氧化硫、氯化氢、氯气、氟化氢等有毒气体抗性较强。每千克紫薇干叶能吸收 10 克左右的有毒气体。

米兰：能吸收大气中的二氧化硫和氯气。在含百万分之一氯气的空气中熏 4 小时，1 千克干叶吸氯量为 0.0048 克。

桂花：对化学烟雾有特殊的抵抗能力，对氯化氢、硫化氢、苯酚等污染物有不同程度的抵抗性。

石榴：抗污染面较广，它能吸收二氧化硫，对氯气、臭氧、水杨酸、二氧化氮、硫化氢等都有吸收和抗御作用。

绿色带果植物盆景：水果是最好的除味剂，如柠檬、橘子、香瓜、小南瓜等。将带果植物盆景放在新房内，有环保作用，香味自然，还有益于健康。

花草如何净化家居环境

花草不仅美观，有观赏价值，还有很强的净化家居环境的功能。

杀菌抑菌

有些花草会分泌能够杀死某些细菌的杀菌素，抑制结核杆菌、痢疾杆菌和伤寒菌的生长，有利于保持室内空气的清洁卫生。如茉莉、丁香、金银花、牵牛花等。

吸收二氧化碳

多数花草在白天进行光合作用，吸收二氧化碳，释放氧气，在夜间进行呼吸，吸收氧气，释放二氧化碳。

吸收有毒气体

有些花草能通过叶片吸收空气中一定浓度的有毒气体，如二氧化硫、氮氧化物、甲醛、氯化氢等，再经过氧化作用将其转化为无毒或低毒的硫酸盐等物质。

为空气质量报警

外界任何因子，包括有害气体的变化都会对植物产生影响，并在植物的各个部位反映出来。当室内花草出现异常情况时，表明人们需要检测室内有害物质浓度了。

美国宇航局的科学家发现，各种绿色植物都能有效地降低空气中的化学物质，并将它们转化为自己的养料，其量之大令人吃惊。科学家还发现，绿色植物吸入化学物质的能力主要来自于土壤中的微生物，而不是叶片本身。据了解，与植物共生的土壤里的微生物在经历了代代遗传繁殖后，其吸收化学物质的能力还会增强。

花草养护攻略

家养花草土壤的配制

土壤是花草生长的根本，好的土壤能起到事半功倍的作用。不同的花草有不同的生长习性，对土壤也有不同的需要。自然界中的土壤往往营养较单一，无法满足花草的生长需要，这就需要人工配制营养土，来弥补土壤中缺少的营养成分。首先，好的土壤除了营养成分要全面，对植物的生长需求还要有针对性的营养提供。其次，土壤还要具有良好的保肥、排水、透气性。满足这两个条件的土壤才能算是好的土壤，才能使花草生长得叶繁花茂。

常见营养土的配制

腐叶土 5.5 份，园土、河沙土各 2 份，腐熟的饼肥等有机肥料 0.5 份，以上土壤、肥料充分掺拌均匀即可。这种土壤适宜于一般的中性植物。

偏酸性土壤的配制

腐叶土和泥炭土各 4.5 份，锯木屑和骨粉 1 份。此类土壤适宜于喜酸性土壤的花草，比如杜鹃、茉莉、山茶花、米兰、栀子花等。

喜阴湿环境植物的培养土配制

园土 2 份，河沙 1 份，锯木屑或泥炭土 1 份，混合配制。如各种蕨类、万年青、龟背竹、滴水观音、吊竹梅等均适用此种土壤。

偏碱性植物的营养土配制

如夹竹桃、月季、菊花、仙人掌、扶桑、天竺葵等，可以用腐叶土 2 份，园土 3 份，粗沙 4 份，细碎瓦片屑（或石灰石砾、陈灰墙皮、贝壳粉）1 份，混合配制而成。

如何正确浇水

对于很多花草而言，浇水得当是养活的关键。不同种的花草对水分要求不同、不同季节对水分需求量不同、同一种花草的不同生长期对水分的要求也不同，所以，浇水一定要掌握要诀。

水源与水质

自然界的水是多种多样的，我们人类对于饮用水是有讲究的，其实花草对水也有一定的讲究。什么水适合浇花？简单地说，水有软水和硬水之分，软水的矿物盐类含量低，通常是花草理想的浇灌用水。雨水、河水和湖水等可以直接用于浇灌，但泉水、井水等地下水的硬度很高，不能直接浇灌花草。自来水含有氯气等消毒物质，也不宜直接使用，最好用敞口的缸、池等容器贮放 3～5 天，待水中的有害物挥发和沉淀后再使用。

浇好定根水

栽种后第一次浇水称为定根水。定根水必须浇足浇透，浇完水落干，并见水从盆底孔流出后，再重浇 1 次，这样才能保证土壤充分吸收水分，并与根系很好密接。

浇水方式

大多数花草可采用喷浇法，既能增加空气湿度，又能冲洗叶面灰尘。但对于叶片有绒毛或正在开花的花草，则应将花盆坐在水盆中，利用盆底孔渗水，使盆土湿润。若多日忘记浇水，导致花草干旱萎蔫，切不可急浇大水，应先将盆花移至阴凉通风处，用喷壶给叶片喷水2～3次，待叶片缓过来后，再少量浇水，等根系恢复吸水功能后再彻底浇透。

浇水的时间

水温对花草根系的生理活动有直接影响。如果水温与土壤温度相差悬殊（超过5℃），浇水后会引起土温骤变而伤害根系，反而影响根系对水分的吸收，产生生理干旱。因此，水温与土壤温度接近时浇灌才比较好，尤其在冬、夏季更应注意。

在春、秋、冬三季，上午10点左右和下午4点以后是一天中浇花的适宜时间。

夏季则应避免在烈日暴晒下和中午高温时浇灌。另外，夏季盆花呼吸作用旺盛，要求盆土透气性良好。故盆土不干时一般不要浇水，以免水过多影响透气，但干后应立即浇水且必须浇透。夏季盆土往往因过干而出现龟裂，所以浇水不能1次完成，否则水顺缝隙直漏盆底，而大部分盆土仍很干旱。应在第一次浇水后稍等片刻，待土壤裂缝闭合后再浇1次。冬季最好先将水存放在室内一段时间，或稍添加温水，使水温提高到15～20℃，再行浇灌。

冬季浇水不可太积极，因为花草在冬天生命活动变弱，因而对水分的需求也少了。但冬季也不可让盆土过于干燥，太过干燥的根部土壤环境会使得冷空气占据土壤的空隙，进而使花草根部温度过低，容易冻伤。

不同发育时期如何浇水

育苗期：盆土宜偏干，易于长根壮苗。水浇多了会造成幼苗徒长。

营养生长期：浇水充足才能枝繁叶茂，否则植株生长缓慢。但也不可盲目地多浇水而导致盆土积水烂根，一般的浇水原则是盆土见干见湿，干湿交替，以保持表土下面湿润为原则。

生殖生长期：花草在由营养生长向花芽分化转化时，如水分过多，已形成的花芽也会变成叶芽，因此在花芽分化期可用扣水的方法来抑制枝叶徒长，促进花芽形成。

开花坐果期：花草一旦进入孕蕾和开花结果阶段，耗水量最多，水分不能短缺，更不能使枝梢叶片萎蔫，否则花期变短、开花不良。但水分也不宜太多，尤其不能积水，长期积水会导致落花落果。

花草对光照的要求

光照强度

不同种类的花卉对光照的要求是不同的。按照花卉对光照强度的要求，大体上可将花卉分为阳性花卉、中性花卉和阴性花卉。

阳性花卉

需要在阳光下栽培才能生长良好。大部分观花、观果花卉都属于阳性花卉，在观叶类的花卉中也有少数阳性花卉。凡阳性花卉都喜强光，而不耐荫蔽。如果把这些花放在荫蔽的环境中，光照强度不够，就会呈现枝条纤细、节间伸长、叶片变薄、叶色不正等现象，还容易受病虫害的侵袭。

阴性花卉

原本生长在阴坡或林间较阴湿环境中的花卉，大多不喜欢强光直射，尤其在高温季节需要给予不同程度的遮阴，并注意适当增加空气湿度。

中性花卉

在阳光充足的条件下生长良好，但夏季光照强度大时需要稍加遮阴。

光照时间

花卉按光照时间的长短，可分为长日照花卉、中日照花卉、短日照花卉。

长日照花卉

一般在早春初夏开花的一二年生花卉大多属于此类。这种花卉每天需要14 ~ 16 小时的光照才能使花芽分化和花朵开放。

中日照花卉

光照时间的长短对此类花卉开花的影响不太明显，每天在 8 ~ 12 小时的光照下可正常开花。只要温度合适，营养充足，一年四季均可开花。

短日照花卉

一般在夏末和秋季开花的一二年生花卉都是短日照花卉，每日光照时数在6 ~ 10 小时，如果超过时数，反而会延迟开花。这类花卉是在长日照下进行营养生长，立秋后，日照时数缩短才进行花芽分化。

花草施肥的原则

施肥必须适时

及时施肥就是花草需要肥料时再施肥，当发现植株叶色变淡、生长细弱时施肥最为恰当。

施肥必须适量

施肥必须根据花草的不同生育期区别施用。幼苗期氮肥要多些，浇水要多且次数要多，以促进幼苗生长迅速、健壮；成苗后，磷、钾肥要多些，观叶的花草要多施氮肥，使叶子嫩绿，观花观果的花草要多施磷、钾肥，使植株早开花，早结果，也能使花果颜色鲜艳。

施肥必须根据季节

春、夏季节花草生长迅速且旺盛，可多施肥；入秋后花草生长缓慢，应少施肥；冬季多数花草处于休眠状态，应停止施肥。

施肥必须掌握时间

盆栽花草施肥应采取"少吃多餐"的原则，即"薄肥勤施"，一般从开

春到立秋，可每隔 7 ~ 10 天施 1 次稀薄的肥水，立秋后可 15 ~ 20 天施 1 次。

盆栽花草在夏季高温的中午前后不宜施肥，因盆土温度较高，施入追肥容易伤根，傍晚施用效果最好。

施肥必须结合松土

盆栽花草施用稀薄液肥前，应先把盆土表层耙松，待盆土稍微干燥再施肥，施肥后立即用水喷洒叶面，以免残留肥液污染叶面，施肥的第二天一定要浇 1 次水。

病虫害与防治

对于花草的病害、虫害，要像人养生一样，防患于未然。经验丰富的

花友都知道，当心爱的花花草草已经犯病，治疗难度就比较大了，所以栽种时选购健康强壮的植株很重要，花草生长过程中的养护也很重要，而罹患病虫害后的治疗则属于亡羊补牢之举。危害花草特别严重、范围较广的有白粉病、锈病、蚜虫、叶螨等，它们极易使花草失去鲜艳的颜色、枯萎，甚至死亡。

白粉病

病原菌以菌丝状态在花草组织细胞越冬，第二年春、夏季借风雨传播危害。其症状是叶片、花朵、新枝表面覆盖一层灰白色霉状物，受害轻的花草虽能开花但花瓣狭小、色淡，重者花不能开放，植株枯萎死亡。可喷15% 三唑酮 1000 倍液，每隔 5 天喷 1 次，落叶后进行修剪增强其抗病性。

锈病

病原菌以菌丝状态在花草细胞间潜伏越冬，第二年侵染危害。主要危害叶片、叶鞘，形成隆起的橙黄色斑点，破坏表皮组织，使花卉大量失水，不能正常发育而枯死，在高温高湿的情况下危害更重。可喷15% 三唑酮 800 倍液，每隔 3 ~ 4 天喷 1 次；摘掉植株下部过密的叶片以利通风透光，降低地面温度；增施磷钾肥可促进生长，增强抗病能力。

蚜虫

危害各种花草的蚜虫种类很多，体色有绿、灰、黑、黄等类型，它们以卵在花卉枝缝处越冬，第二年出现危害。有的种类喜集中在叶正面、嫩尖上吸食营养，受害花草叶片向上卷曲；有的则喜集中在叶背危害，严重时导致叶片发黄、枯萎、脱落。可喷40% 乐果 1000 倍液进行防治；也可喷 80% 敌敌畏 1000 倍液，但药效时间短，需多次喷杀。还可涂肥皂粉液防治。

叶螨

叶螨是危害多种花卉的害虫，该虫在花卉的叶背吐丝结网，受害重的花卉落叶、落花。防治可喷氰戊菊酯 2000 倍液或喷三氯杀螨醇 2000 倍液 1 ~ 2 次，着重喷叶背面有特效。

健康花草观赏与食用指南

　　花草不仅可以用来观赏，还兼具食用的功能。食用方法也多种多样，可以用来做花草茶、花草粥、花草酒、花草膏、纯露等。以最常见的花草茶为例，制作方法有锅煮法和壶泡法。

　　锅煮法：原料是果实、树皮、根、茎等坚韧部分，采用锅煮法比较能萃出花草的精华。煮茶的锅是不锈钢、玻璃或陶瓷材质皆可。进行时先将水煮沸，然后放入原料，继续转小火煮至花草舒展开来，茶汤颜色及味道皆释出即可熄火。

　　壶泡法：花、叶等原料因为较容易释出内含成分，采用壶泡法即可。冲泡前先用热水温壶烫杯，加入沸水时才不致温差太大，影响茶香发挥。

花草可为茶、粥、酒、膏

花草粥

　　适用花种：玫瑰、荷花、桂花、梅花、玉兰花、菊花、百合、金针花等。

花草茶

　　适用花种：玫瑰、菊花、荷花、桂花、睡莲、茶花、茉莉、栀子花、薰衣草花、樱花、玉兰花等。

花草酒

适用花种：菊花、蒲公英、桂花、茉莉花、玫瑰、兰花、梅花、茶花、樱花、荷花、木兰花、三色堇等。

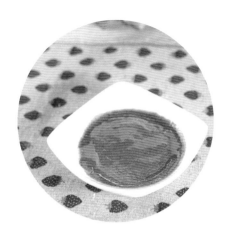

花草膏

适用花种：玫瑰、茉莉、豆蔻花、金盏花等。

如何制作和储存干花

采收

在适当的时节采收，会使花草茶最多的有益成分保留下来。在晴天的早晨采收，有助于花草茶的干燥完整。如果以采花为主，则当花初开而未全盛时完整摘取；如果采收叶或全草，则以茎叶茂盛或含苞未放时采收最适宜。

晒制

花草采收后及早除去枯枝叶，随即将花草移到阴凉且通风良好的地方，任其自然风干，以免其中的芳香物质蒸发，或花草氧化变质。要保持它的色泽及形态，需尽量不经阳光照射；以免干燥花草带有密闭的霉味，须有良好的通风。为使花草茶发挥效用，花草茶干燥过程中要保持花草的完整，通常是每几株自茎中段捆一小束，然后几小束悬空倒吊，花则摊放在一层层的棚架上风干。即使采用干燥机烘干，也需采取循序渐进的方式，急速干燥会导致芳香油挥发。

保存

陶瓷制的茶罐，最能保持干燥花草品质稳定；而装在透明的玻璃罐内，虽然便于观察是否受潮发霉，但因为阳光能穿透照射，所以最好再将透明罐放入储藏柜中。但无论是何种材质的容器，都必须是密封罐，才能防潮又防虫；而且罐子需先加以清洁、通风，使罐内干燥无异味，再将干燥花草放入。

食用花草的注意事项

鲜花除色、香、味俱佳外，还含有丰富的微量元素，具有强身健体、养颜美容的功效。很多人认为吃花草不仅可以美容，而且有益健康。然而，据有关卫生部门的测定，鲜花虽含有对人体有益的微量元素，但有的鲜花却有"毒"，在处理不当时极易引起过敏甚至中毒等不良反应。

1. 种花时，为了使花卉生长得更快速、更鲜艳，人们会施用化肥、农药，这样的花卉好看是好看，但并不适合用来食用。

2. 花有花性。鲜花中菊花是有益无害的花；而芍药花、绣球花则是有毒的花；月季花、荷花、槐花等都是有药理功效的，但必须在对症的情况下才能食用。

3. 人体各有不同，每个人的皮肤特质、体质各有千秋，虽吃花草对人体有益，但也不能千人一律。

所以，在食用花草前一定要了解花草的功效，是否有毒副作用，能否食用；还要知道自己是否对该花草过敏、自己的体质是否适合食用；了解花草的药理功效；多次清洗，确保花草干净，不含有毒物质。

第二章

家居环境的绿色卫士

芦荟

常用别名：卢会、讷会、象胆、奴会。

花　　语：洁身自爱、自尊。

生 长 地：原产于非洲的干旱地区及南美洲的西印度群岛，现几乎遍及世界各地。

适宜摆放地：家中或办公室光线明亮、日照充足的窗台、阳台均可摆放，最好不要摆放在卧室。因为从民俗的角度讲，带刺的植物不适合放在卧室。

花草特色

　　芦荟为常绿、多肉质的草本植物，叶肥厚多汁，呈条状，粉绿色边缘疏生刺状小齿。花为淡黄色而有红斑。芦荟通常被当成观叶植物，但它其实也会开花，花期较短，花色艳丽，还挺耐看。芦荟除了供观赏，还有很多脍炙人口的用途，比如护肤、消炎、入菜。

种养要点

日照

喜充足光照，但初植的芦荟不宜晒太阳，最好只在早上见见阳光。过15天左右它才会慢慢适应阳光，茁壮成长。

温度

芦荟喜高温、怕寒冷，适宜的生长适温为 15 ~ 35℃。在 5℃左右停止生长，0℃时生长受阻，如果低于 0℃就会冻伤。

土壤

喜欢生长在排水性能良好、不易板结的疏松沙质土壤中，如果栽培用土是黏性土壤，就需要再掺入一半左右的沙子。一般的土壤中可掺些沙砾灰或腐叶草灰等，既能提高透气性，也能增加一些养分。

繁殖

多用分株繁殖，只需将芦荟幼株从母体上分离另行栽植即可。整个生长期都可进行，但以春秋两季最为适宜。

换盆

应使用透气性好的盆，如泥盆。

病虫害防治

芦荟很少遭受虫害。常见病害主要有炭疽病、褐斑病、叶枯病、白绢病及细菌性病害。家庭盆栽芦荟，对病害宜采取预防为主。在病害未发生前，或已发病的植株去除带病部位后，用 0.5 ~ 0.8 的石灰等量式波尔多液进行喷洒防治。

浇水

需要水分，但最怕积水。3 ~ 5天浇 1 次水，每次一点水就好。

施肥

盆栽时施足基肥，生长期间追肥时肥液不宜过浓，否则会产生"肥害"。一般每隔 20 ~ 30 天追肥 1 次，春秋生长较快，可以适当增加追肥次数，冬季生长慢，可以少施甚至不施肥。

修剪

很少需要修剪，若嫌高的话，可在其某一节长出嫩根的芽时把芽以下部分剪掉。修剪还要注意在蒸发量小的阴天进行。

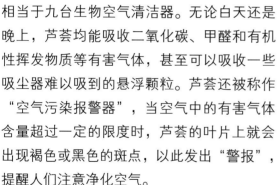

健康应用

观赏

　　芦荟株型美观、叶如碧玉，有的品种甚至多彩斑斓，深受人们喜爱，用于装饰房间，时尚又清新。

环保

　　芦荟也是净化空气的高手，一盆芦荟相当于九台生物空气清洁器。无论白天还是晚上，芦荟均能吸收二氧化碳、甲醛和有机性挥发物质等有害气体，甚至可以吸收一些吸尘器难以吸到的悬浮颗粒。芦荟还被称作"空气污染报警器"，当空气中的有害气体含量超过一定的限度时，芦荟的叶片上就会出现褐色或黑色的斑点，以此发出"警报"，提醒人们注意净化空气。

美容

　　芦荟含有丰富的维生素，用芦荟鲜叶汁早晚涂于面部 15 ~ 20 分钟，坚持使用，会使面部皮肤光滑、白嫩、柔软，还有治疗蝴蝶斑、雀斑、老年斑的功效；洗头后抹到头上可以止痒，防止白发、脱发，并保持头发乌黑发亮，甚至可使秃顶者生出新发。

药用

　　芦荟是苦味的健胃轻泻剂，有抗炎、修复胃黏膜和止痛的作用，有利于胃炎、胃溃疡的治疗，能促进溃疡面愈合。对于烧、烫伤，芦荟也能有很好的抗感染、助愈合的功效。它本身还富含铬元素，有类似胰岛素一样的作用，能调节体内的血糖代谢，是糖尿病人的理想食物和药物。

仙人掌

常用别名： 仙巴掌、霸王树、火焰、火掌、玉芙蓉、牛舌头。

花　　语： 外表坚硬带刺，内心相当甜蜜。

生 长 地： 原产于墨西哥中部干旱沙漠及半沙漠地区，现我国南方及东南亚等热带、亚热带地区的干旱地带多有种植。

适宜摆放地： 室内阳光充足的地方，如窗台、阳台，也可摆放在办公桌旁，但最好不要摆放在卧室内。

花草特色

　　仙人掌为丛生肉质灌木，上部分枝宽，呈倒卵形、倒卵状椭圆形或近圆形，绿色至蓝绿色，无毛，有刺。开萼状花，黄色。浆果呈倒卵球形，顶端凹陷。花期 6 ~ 10 月。

仙人掌其实是一个大类植物的统称，有不同的种类，如仙人鞭、量天尺、仙人杖、仙人球等，有人统计了一下，具体有一百多种。现在备受宠爱的"萌物"——多肉植物，它的很多成员也属于仙人掌大家族。仙人掌大多数会结果实，果实外形和火龙果差不多，但个头比火龙果小，含有丰富的营养尤其含有抗氧化成分！

仙人掌果实通常为肉质浆果，少数为干果，形状有梨形、圆形、棍棒形等。

种养要点

日照

喜强烈光照，若是光照管理不当，便会造成植株生长不良。

温度

耐炎热，生长适温为 20 ～ 35℃，20℃以下生长缓慢，10℃以下基本停止生长，0℃以下有被冻死的可能。盛夏气温 35℃以上时，生长缓慢呈半休眠状态。

土壤

要求排水透气良好、含石灰质的沙土或沙质土壤。通常用泥炭土和细沙各半混合配制培养土。

浇水

由于仙人掌的茎叶能贮藏大量水分，耐旱力强，忌渍涝，因此浇水的原则应该宁干勿湿，长时间不浇水对它毫无影响。一般半个月左右浇 1 次就可以了。

施肥

基本无需施肥，如果土壤实在贫瘠，可于生长期施稀薄液肥，两次施肥时间间隔应大于 20 天。

修剪

在每个茎节保留最多 2 枚嫩茎，将长势弱以及受挤压扭曲的嫩茎疏除，以保持仙人掌直立的状态。

换盆

换盆要看植株生长和发育的需要而定，当植株已长太大，原来的盆子已无法负荷，或是开花的情况不太理想时换盆，通常在春天或秋天进行，换盆前 3 ~ 5 天要停止浇水。

繁殖

最常用扦插繁殖。扦插温度以 25 ~ 35℃对发根最好。许多仙人掌可长出子株，待子株长至适当大小时，便可将其切下扦插。

病虫害防治

盆栽病害很少，只要管理得当，改善栽培条件即可控制和预防病情。一旦发现虫害，要及时捕捉。

健康应用

观赏

仙人掌植株造型独特，摆在家中有一种别样的风情，尤其是在花朵盛开的时候，可以为炎热的夏季平添沁人心脾的芬芳。

环保

仙人掌呼吸多在晚上比较凉爽、潮湿时进行。呼吸时，吸入二氧化碳，释放出氧气，因此被称为夜间"氧吧"。同时，它还是吸附灰尘的高手，可以起到净化环境的作用。很多人认为仙人掌有防辐射的作用，但其实这种说法毫无科学依据。

食用、药用

食用仙人掌在我国也广为栽培，其富含多种维生素和氨基酸，不仅对人体有清热解毒、健胃补脾、清咽润肺、养颜护肤等诸多作用，还对肝癌、糖尿病、支气管炎等病症有明显治疗作用。

> **Tips**
>
> 某些仙人掌肥厚的叶片可以做蔬菜，但不是所有品种都可以吃，千万不要贸然食用自家花盆里的仙人掌！

长寿花

常用别名： 寿星花、假川莲、圣诞伽蓝菜、矮生伽蓝菜。

花　　语： 大吉大利、长命百岁、福寿吉庆。

生 长 地： 原产东非马达加斯加岛，现世界各地多有栽培。

适宜摆放地： 不宜长期放在室内背阴处，最好是放在阳光充足的窗台或是阳台，用于布置窗台、书桌、案头，十分适宜。

花草特色

　　长寿花为多肉植物，终年翠绿，由肥大、光亮的叶片形成低矮株丛。12月至翌年4月开出鲜艳夺目的花。每一花枝上可多达数十朵花，花期长达4个多月，长寿花之名由此而来。

份粗沙、1份谷壳炭混合配置营养土。

浇水

长寿花耐干旱，浇水应掌握"见干见湿、浇则浇透"的原则。生长期不可浇水过多，每2～3天浇1次水，盆土以湿润偏干为好。如果盆土过湿，易引起根腐烂。冬季要少浇水。

施肥

在春、秋生长旺盛期和开花后可追肥，每月施1~2次富含磷的稀薄液肥。

种养要点

日照

喜阳光充足，对光照要求不严，全日照、半日照和散射光照条件下均能生长良好。夏季要避免阳光暴晒。

温度

喜温暖，生长适温为15～25℃。夏季炎热时要注意通风、遮阴。冬季入温室或放室内向阳处，温度保持10℃以上，最低温度不能低于5℃，温度低时叶片容易发红。

土壤

对土壤要求不严，以肥沃的沙质土壤为好。盆土采用2份腐叶土、2

> **Tips**
>
> "见干见湿"是一个常见的浇水术语，意思是等土壤干透了才浇水，一次性浇透。有的盆土表层干了，内部未干。对盆土湿度的把握是养花新手需要留意的难点。

健康应用

观赏

由于长寿花花期正逢圣诞、元旦和春节，并且名称长寿，所以在节日里赠送亲朋好友长寿花，大吉大利，非常讨喜。

环保

长寿花有很好的净化空气的作用，尤其是在夜间，它可以吸收二氧化碳、释放氧气，使封闭的室内空气清新。

仙客来

常 用 别 名： 萝卜海棠、兔耳花、兔子花、一品冠。

花　　　语： 内向。

生　长　地： 原产地中海地区，现世界各地已广为栽培。

适宜摆放地： 适合摆放于书房及客厅。摆在家里的茶几或桌子上，可增添节日的喜庆气氛。摆放在书房，因为书房是文雅、静谧且有序的地方，要求植物有安神静气的作用。摆放在客厅，可增添喜气，因为仙客来的花名寓意迎接贵客，有祈求好运降临的吉祥意义。

花草特色

　　仙客来为多年生草本植物，叶片由块茎顶部生出，心形、卵形或肾形，叶缘有细锯齿，叶面绿色，具有白色或灰色晕斑，叶背绿色或暗红色，叶柄较长，红褐色，肉质。花单生于花茎顶部，花朵下垂，花瓣向上反卷，犹如兔耳，所以又称兔耳花，花有白、粉、玫红、大红、紫红、雪青等色，基部常具深红色斑。

种养
要点

日照

比较耐阴，喜阳光充足的环境，但不喜阳光直射，有散射光就行，夏季强光暴晒时需遮阴。

温度

仙客来喜凉爽，生长最适宜的温度为 15 ~ 20℃。10℃以下，生长势衰弱，花色暗淡，容易凋谢；气温达 30℃以上，植株进入休眠状态。

土壤

要求疏松肥沃、富含腐殖质、排水良好的微酸性沙质土壤。盆土以湿润偏干为好。如果盆土过湿，易引起根腐烂。

浇水

喜水又忌湿，每天适量浇 1 次水以保持盆土的湿润，但同时还要控制浇水量。盆土务必不要积水，以免水量大腐蚀了根部。

夏季要多为其喷水，以保证正常的水分需求，但最好避免将水喷在叶子上。冬季要少浇水。

施肥

进入花期基本上不需施肥。施肥一般选择在营养生长期进行，但绝对不可施用浓肥、烈肥、生肥，否则极易产生肥害而使全株坏死。如果浇灌的是液肥，则需要从盆沿缓慢浇灌，不可从植株的顶端浇灌，并在施肥后用清水冲洗叶面。

修剪

修剪相对简单，平时注意把开过了的花及黄色的叶子剪掉就可以了。

换盆

第一次换盆可选在清明到谷雨之间，这时仙客来已长出 10 片左右的叶子。第二次换盆时间为立秋后至霜降前。在开花 4~5 年以后，仙客来的开花数会大大减少，这意味着球茎已经衰老，需要考虑换盆新花了。

繁殖

在家庭中一般无需自己繁殖，但可每年在其休眠期萌发新芽后结合换盆进行分株繁殖，分出的球茎栽种时应让其1/2 ~ 2/3的部位露出土面以上，以免球茎在土壤中因水量大而腐烂。

病虫害防治

仙客来的病害比虫害多，家庭养护中常见的有灰霉病和软腐病。对于前者可以喷施代森锌、多菌灵等杀菌剂，后者可喷施农用链霉素或多菌灵。

Tips

仙客来虽然耐阴，但如果长时间光照不足，叶片也会发黄，所以长时间放在阴凉处的仙客来盆花应该偶尔改变摆放位置，让其见见阳光。

很多人认为仙客来是一种开运花卉，除了主观的感受，大概也是因为它的摆放使居室显得生机盎然吧！气氛愉悦了，心情舒畅了，好运还会远吗？

仙客来缺肥的表现：花梗慢慢变短，甚至无法抽出叶丛外，花色也逐渐变淡。

健康应用

观赏

仙客来花形别致，花色绚烂，有的品种有香气，观赏价值很高，是冬春季节名贵盆花，也是世界花卉市场上最重要的盆栽花卉之一。仙客来花期长，可达5个月，花期适逢圣诞节、元旦、春节等传统节日，常用于室内花卉布置，并可作切花，水养也很持久。

仙客来耐低温不耐高温，夏天进入休眠，冬天开花。花期很长，但花期的长短还取决于养护条件。它对室温的要求较高，如开花期间温度偏高，则花期缩短。花蕾开始形成时，温度以15~18℃为佳，不能低于10℃。

环保

仙客来不仅以秀丽外形点缀着居家环境，它对空气中的有毒气体尤其是二氧化硫也有较强的吸收能力。它的叶片能吸收二氧化硫，并经过氧化作用将其转化为无毒或低毒的硫酸盐等物质。

肾蕨

常 用 别 名：蜈蚣草、圆羊齿、篦子草、石黄皮。

花　　　语：殷实的朋友。

生 长 地：原产于热带和亚热带地区。可用于客厅、办公室和卧室的美化布置，尤其用作吊盆式栽培更是别有情趣。

适宜摆放地：在庭院中、阳台上都能种植，容易适应陌生的环境。盆栽可作室内摆设或壁挂式、镶嵌式植物装饰材料。因其抗污染能力较强，放在厨房中和油烟也是不错的选择。

花草特色

肾蕨是一种常见的蕨类植物，喜欢温暖湿润和半阴的地方，叶色青翠，清新秀丽，使人常年都能享受到春天的气息。株高一般30～60厘米。肾蕨不能直立生长，羽状复叶主脉明显而居中，侧脉对称地伸向两侧。孢子囊群生于小叶片各级侧脉的上侧小脉顶端，囊群呈肾形。

肾蕨株型优雅，叶片丰满、四季常绿，富有生气和美感，使人充满朝气蓬勃的感觉，为家人带来好运。

现在有一类热门的蕨类叫波士顿蕨，其实是肾蕨的一个分支品种，养护方法和肾蕨类似。

种养要点

日照

喜明亮的散射光，也能耐较弱的光照，切忌阳光直射。

温度

喜温暖，最适宜的生长温度为18～30℃，即使在寒冷的冬天，也要控制温度在10℃以上，当温度低于4℃，肾蕨就不会生长，进入休眠状态。

土壤

喜疏松、肥沃、透气的中性或微酸性土壤。常用腐叶土或泥炭土、培养土或粗沙的混合基质作培养土。

浇水

春、秋季浇水需充足，保持盆土不干，但浇水不宜太多。夏季除浇水外，每天还需喷水数次。

施肥

遵循"淡肥勤施、量少次多、营养齐全"的施肥原则。以氮肥为主，在春、秋季生长旺盛期，每月施1~2次稀薄饼肥水，或以氮为主的有机液肥或无机复合液肥，肥料一定要稀薄，不可过浓，否则极易造成肥害。

修剪

无需过多修剪，生长期要随时摘除枯叶和黄叶，保持叶片清新翠绿。

换盆

每1～2年换盆1次，多在春季季进行，盆底多垫碎瓦片和碎砖，先在盆底放入2～3厘米厚的粗粒基质或者陶粒作为滤水层，其上撒上一层充分腐熟的有机肥料作为基肥，再撒上一层土，然后放入植株。上完盆后浇1次透水，并放在荫蔽环境下养护。

繁殖

最常用分株法繁殖。全年均可进行，以5～6月为好。此时气温稳定，将母株轻轻剥开，分开匍匐枝，每10厘米盆栽2～3丛匍匐枝。栽后放半阴处，并浇水保持潮湿。当根茎上萌发出新叶时，再放阴处养护。

病虫害防治

肾蕨易遭受蚜虫和红蜘蛛危害，可用肥皂水或40%氧乐果乳油1000倍液喷洒防治。在浇水过多或空气湿度过大时，肾蕨易发生生理性叶枯病，平时应注意盆土不宜太湿，发病时可用65%代森锌可湿性粉剂600倍液喷洒。

健康
应用

药用

肾蕨还是传统的中药材，以全草和块茎入药，全年均可采收，有清热利湿、宁肺止咳、软坚消积的功效。

观赏

肾蕨是非常受普通大众欢迎的观赏蕨类，其叶色浓绿且四季常青，形态自然潇洒，栽培容易，粗放管理就能达到很好的观赏装饰效果。

它鲜嫩的绿叶令人一整年都能感受到春天的气息，优美的造型对人的心理能产生积极的作用。

环保

肾蕨可吸附砷、铅等重金属，被誉为"土壤清洁工"。

肾蕨每小时能吸收大约 20 微克的甲醛，因此被认为是最有效的"生物净化器"，可以去除二甲苯、甲苯、甲醛等。成天与油漆、涂料打交道者，或者身边有喜好吸烟的人，可以在居室内至少放上一盆。另外，它还可以抑制电脑显示器和打印机中释放的二甲苯和甲苯，因此最适合办公场所摆放。

铁线蕨

常用别名： 铁丝草、少女的发丝、铁线草、水猪毛土。

花　　语： 雅致、少女的娇柔。

生 长 地： 原产于热带、亚热带，广布于我国长江以南诸省，北到陕西、甘肃和河北。

适宜摆放地： 盆栽适宜摆放在室内具有散射光处。小盆栽可置于案头、茶几上；较大盆栽可用以布置背阴房间的窗台、过道或客厅，能够较长期供人欣赏。

花草特色

　　铁线蕨为多年生草本植物，植株高 15 ~ 40 厘米。根状茎细长横走，密被棕色针形鳞片。叶纤细，栗黑色，有光泽，基部被与根状茎上同样的鳞片，向上光滑，叶片呈卵状三角形。

种养要点

日照

喜半阴，忌阳光直射，可较长时间放在室内荫蔽的环境，但需有明亮灯光照射。

温度

喜冷凉，最适合其生长的温度为15～25℃，叶子的温度不可以低于7℃，否则叶子有冻伤的可能。

土壤

喜疏松透水、肥沃的石灰质或沙质土壤，盆栽时可用土壤、腐叶土和河沙等量混合制成培养土。

浇水

生长旺盛期要充分浇水，除保持盆土湿润外，还要注意保持较高的空气湿度，空气干燥时向植株周围洒水。特别是夏季，每天要浇1～2次水，如果缺水，就会引起叶片萎缩。冬季要减少浇水。

施肥

每月施2～3次稀薄液肥，施肥时不要沾污叶面，以免引起烂叶。由于铁线蕨喜钙，盆土宜加适量石灰和碎蛋壳。冬季停止施肥。

修剪

生长初期注意用线或铁丝将其定型。平时经常修剪干叶、发焦的叶子。

换盆

每年春季换盆1次，适时剪去部分老根，盆土要换成新鲜、肥沃而疏松的腐叶土，最好再加少量的砖屑。

繁殖

以分株繁殖为主。分株宜在春季新芽尚未萌发前结合换盆进行。将长满盆的植株从盆中抠出来，去掉大部分旧培养土，切断其根状茎，分成二至数丛，分别盆栽。

病虫害防治

盆栽铁线蕨常有叶枯病发生，初期可用波尔多液防治，严重时可用70%的甲基硫菌灵1000～1500倍液防治。虫害防治与肾蕨类似。

健康应用

观赏

铁线蕨淡绿色薄质叶片搭配上乌黑光亮的叶柄，显得格外优雅飘逸。黑色的叶柄纤细而有光泽，酷似人发，加上其质感十分柔美，好似少女柔软的头发，观赏效果极好。其叶片还是良好的切叶材料及干花材料。

环保

铁线蕨每小时能吸收大约20微克的甲醛，还可以抑制电脑显示器和打印机中释放出来的二甲苯和甲苯。另外，铁线蕨放置室内还可使人心情放松，有助于提高睡眠质量。

药用

铁线蕨还有一定的药用价值，有利尿通淋、敛伤止血的功效，可治水肿、牙痛等。

水仙

常用别名： 凌波仙子、金盏银台、落神香妃、玉玲珑、金银台、姚女花。

花　　　语： 敬意、孤独等。

生　长　地： 中国水仙原产我国、日本、朝鲜等地，洋水仙原分布在中欧、地中海沿岸和北非地区，中国水仙是多花水仙的一个变种。

适宜摆放地： 盆栽水仙宜放在阳光充足、通风良好而又远离暖气、火炉的地方。花蕾欲放时，需移至室内阴凉处，避免阳光直射，保持室温均衡少变。

花草特色

水仙在中国已有一千多年栽培历史，为中国传统名花之一。水仙的叶子为狭长带状，面上有白粉。伞房花序，花白色，芳香。花期 1～3 月。需注意的是水仙鳞茎浆汁有毒，不要随意触碰。一般将它用作外科镇痛剂，鳞茎捣烂可敷治痈肿。

中国水仙具有浓郁的香味，一般在寒冬开花；洋水仙一般在春季开花，花朵较大、花形艳丽，大多缺乏香味。

种养要点

日照

喜阳光充足，白天水仙要放置在向阳处给予充足的光照。

温度

喜冷凉，生长适宜的温度为12～15℃。温度过高会引起叶片徒长，若温度下降至10℃以下，叶片长生减缓。

土壤

主要为水培，若用土培，以疏松肥沃、土层深厚的沙质土壤为宜。pH5～7.5均宜生长。

浇水

若用土培浇水要"见干见湿"，浇水时间要选在早晚，否则会破坏根系的生长。若水培，需经常换水，以晒过的自来水为宜。可以适当地加温水催花，水温以接近体温为宜。

施肥

无需花肥，用清水即可。

修剪

切割鳞茎球时，如有未除尽的侧芽萌发，应及早进行1～2次拔芽工作。

换盆

无需换盆。

繁殖

水仙花主要用分株法繁殖。其中，侧球繁殖是最常用的一种方法。侧球着生在鳞茎球外的两侧，仅基部与母球相连，很容易自行脱离母体，秋季将其与母球分离，单独种植，次年即可产生新球。

病虫害防治

如种植前剥去膜质鳞片，将鳞茎放在0.5%福尔马林溶液中，或放在50%多菌灵500倍水溶液中浸泡半小时，可预防褐斑病发生。

健康应用

观赏

水仙放置在书房或客厅，可以营造出恬静舒适的家居气氛。在鲜花盛开的时候，其清新明媚的颜色，也会让家庭格调得以大大提升。

环保

水仙对于清洁家居环境有很不错的效果。放在厨房，有一定的吸油烟的作用。放在客厅或书房也能够有效地吸收家中释放出来的废气，起到净化空气的作用。

山茶花

常用别名： 曼陀罗、薮春、山椿、耐冬、山茶、茶花。

花　　语： 理想的爱，谦让。

生 长 地： 原产于我国，日本、朝鲜半岛也有分布。

适宜摆放地： 山茶花适合盆栽观赏，置于办公室门厅入口、会议室、公共场所都能取得良好效果。在家居阳台、窗前、客厅，摆放一两株山茶花的盆栽，可使家中春意盎然。

花草特色

山茶花是常绿阔叶灌木或小乔木，开花于冬春之际，花姿绰约，花色鲜艳，是极具观赏性的花卉。枝条黄褐色，小枝呈绿色或绿紫色至紫褐色。叶片互生，椭圆形、长椭圆形、卵形至倒卵形，边缘有锯齿，叶片正面为深绿色，多数有光泽，背面较淡。花单生或成对生于叶腋或枝顶，有白、红、淡红等色。花期 2 ~ 3 月。

种养要点

日照

喜半阴，适宜放在半阴半阳的通风环境中。遇强光照时，必须采取遮阴措施，以减少强阳光的照射。

温度

山茶花喜温暖，生长最适宜的温度为 18 ~ 25℃，始花温度为 2℃。低于 10℃和高于 35℃时则生长不良或停止。

土壤

以疏松、排水性好、pH5 ~ 6 的土壤最为适宜，碱性土壤不适宜山茶花生长。盆栽土宜用肥沃疏松、微酸性的土壤或腐叶土。

浇水

浇水要掌握"见干见湿，干透浇透"的原则。春秋每天浇水1次，夏季早晚各浇1次，还应及时喷水，保持空气湿度。注意盆土不要积水，以免引起烂根。

施肥

喜肥，但不能施肥过量，否则会损害根系，减少花朵的数量。基肥最好用有机肥，如经过发酵的鸡鸭粪和动物脏器以及豆饼、鱼骨粉等。在生长旺盛期，每月应施1~2次液肥。

修剪

经常剪去徒长枝、枯枝、弱枝、病枝和交叉重叠枝，以利于山茶花的通风和光照，减少病虫害的发生。

换盆

小盆宜每1~2年换1次盆，大盆每3~4年也应换1次盆。每年春季花后或9~10月换盆，剪去徒长枝或枯枝，换上肥沃的腐叶土，换盆后无需马上施肥。

繁殖

家庭可用扦插法繁殖。扦插可在4~6月进行，选取一年生硬枝，长10~15厘米，上端留顶芽及侧芽各1个，带有叶片2~3枚，环状剥皮，下部叶片均须剪去。扦插基质可用沙质土壤或腐殖土。

病虫害防治

盆栽山茶花时，如通风不好，易受红蜘蛛、介壳虫危害，可用40%氧乐果乳油1000倍液喷杀防治或洗刷干净。盆土过湿或空气湿度大时常发生炭疽病危害，可用等

量式波尔多液或25%多菌灵可湿性粉剂1000倍液喷洒防治。

健康应用

观赏

山茶花总在几乎所有的花朵都枯萎的寒冷冬季里开花，显得生意盎然、别具一格，让人感觉十分温暖而充满活力。

环保

山茶花可以吸收和抵抗有害气体二氧化硫、硫化氢、氯气、氟化氢和铬酸烟雾的危害，所以将其放置室内可起保护环境、净化空气的作用。

白鹤芋

常用别名： 白掌、苞叶芋、一帆风顺。

花　　语： 一帆风顺。

生 长 地： 原产于哥伦比亚，生于热带雨林中，为欧洲最流行的室内观叶植物之一，现各地均有栽培。

适宜摆放地： 盆栽点缀客厅、书房，十分舒展别致。配置小庭园、池畔、墙角处，也别具一格。

花草特色

白鹤芋为多年生草本植物，茎短，叶长，呈椭圆状披针形，两端渐尖，叶脉明显，叶柄长，基部呈鞘状。花葶直立，高出叶丛，佛焰苞直立向上，稍卷，肉穗花序呈圆柱状，白色。

种养要点

日照

喜半阴的环境，忌强烈阳光直射。

温度

喜温暖，生长最适宜的温度为 20 ～ 28℃，越冬温度为 10℃。

土壤

要求土壤疏松、排水和通气性好，不可用黏重土壤，以肥沃、含腐殖质丰富的土壤为好。可用腐叶土、泥炭土拌和少量珍珠岩配制成基质，种植时加少量有机肥作基肥。

种养要点

浇水

应经常保持盆土湿润，但要避免浇水过多，盆土长期潮湿，易引起烂根和植株枯黄。夏季还应经常往叶面上喷水，并向植株周围地面上洒水，以保持空气湿润。

施肥

由于其生长快，需肥量较大，故生长旺盛期每7～10天须施1次有机液肥，或稀薄的复合肥或腐熟饼肥水。

修剪

经常剪除外侧老叶、黄叶、残枝、坏枝，并注意不要让枝叶徒长。

换盆

每年早春新芽大量萌发前要换盆1次。换盆时去掉部分宿土，修整根系，添加新的培养土并栽植在大一号的盆中，以利根系发育，利于生长。

繁殖

常用分株繁殖。生长健壮的植株两年左右可以分株1次，一般于春季结合换盆时或秋后进行。在新芽长出前将整个植株从盆中倒出，去掉旧培养土，在株丛基部将根茎分割成数丛（每丛含有3个以上的芽），用新培养土重新上盆种植。

病虫害防治

常见细菌性叶斑病、褐斑病和炭疽病危害叶片。防治方法除剪除病叶外，还可用50%多菌灵可湿性粉剂500倍液喷洒。另外易发生根腐病和茎腐病，除注意通风和减少湿度外，还可用75%百菌清可湿性粉剂800倍液防治。加强通风管理，是预防病虫害的最佳方式。

健康应用

观赏

白鹤芋叶片翠绿，花色洁白如佛焰苞，观之非常清新幽雅，给人以纯洁平静、祥和安泰之美感，被视为"清白之花"，是世界重要的观花花卉。其花也是极好的花篮和插花的装饰材料。白鹤芋还有一种吉祥的寓意，人们按其花的形象美其名曰"一帆风顺"。因其有一帆风顺的祝福寓意，送亲友可以勉励人生进取、事业发达。

环保

白鹤芋可优化人体呼出的废气，同时还可以过滤空气中的苯、三氯乙烯和甲醛。此外，它的高蒸发速度可以防止人体鼻黏膜干燥，使人患病的可能性大大降低。

灰莉

常 用 别 名： 非洲茉莉、华灰莉、鲤鱼胆、灰刺木。

花　　　语： 朴素自然，清净纯洁。

生　长　地： 原产于我国南部及东南亚等国。

适宜摆放地： 在庭院、阳台都能种植，容易适应陌生的环境。

花草特色

　　灰莉另一个耳熟能详的名称是非洲茉莉。非洲茉莉并非产自非洲，而是产于我国东南方或东南亚地区，为常绿藤本，叶对生，广卵形或长椭圆形，先端突尖，厚革质，全缘，表面暗绿色。夏季开花，伞房状花序，腋生，蜡质，有浓郁芳香。花期5月，果期10～12月。

种养要点

日照

喜阳光充足的环境，但夏季要避开强烈的阳光直射。

温度

喜温暖，最适合其生长的温度为 18 ~ 32℃。夏季气温高于 38℃以上时，会抑制植株的生长。

土壤

喜疏松肥沃、排水良好的沙质土壤。盆栽可用 7 份腐叶土、1 份河沙、1 份沤制过的有机肥、1 份发酵过的锯末屑配制营养土。

浇水

春秋两季浇水以保持盆土湿润为度，盆土不可积水。炎夏除每天浇水外，在中午前后气温相对较高时，还需向叶面适量喷水。

施肥

在生长期每月追施 1 次稀薄的腐熟饼肥水，5 月开花前追施 1 次磷钾肥，促进植株开花；秋后再补充追施 1 ~ 2 次磷钾肥，可平安过冬。

修剪

在生长期要适当摘心，但下部叶片脱落严重者，必须进行重剪，将每个枝条都短截。短截的位置应视植株的大小而定，一般截留长度为 15 厘米左右，也可保留至 30 厘米，可灵活进行。

换盆

每 1 ~ 2 年换盆土 1 次。

繁殖

可采用播种繁殖。宜于 10 ~ 12 月间采集成熟的果实，脱出种粒后，将其播于疏松肥沃的沙土壤上，覆土厚度 2 ~ 3 厘米，并加盖薄膜保温防寒。秋末冬初播下的种子，要到来年春天才能出苗。

病虫害防治

盆栽病虫害较少，管理不当易发生炭疽病、日灼病等。可及时剪去病叶，加强管理，也可购买对症的药液进行喷治。

健康应用

观赏

灰莉丰满的株型再加上如翡翠般碧绿青翠的枝叶、优雅洁白的花形以及略带芳香的花朵，惹人喜爱，是近年比较流行的室内观叶植物之一。

环保

灰莉所产生的挥发性油类具有显著的杀菌作用，可使人放松，有利于睡眠，还可提高工作功效，而且它的花有杀菌解毒的功效。此外，这些挥发性油类可以调节人体内的激素。灰莉的花香也是淡淡的，很清新，对改善家居环境具有良好的作用。

万年青

常用别名： 开喉剑、九节莲、冬不凋、铁扁担。

花　　语： 健康、长寿。

生 长 地： 原产于中国南方和日本，现在在我国分布较广，华东、华中及西南地区均有栽培。

适宜摆放地： 幼株小盆栽可置于案头、窗台观赏，中型盆栽可放在客厅墙角、沙发边作为装饰，令室内充满自然生机。

花草特色

万年青为多年生常绿草本，无地上茎，直立生长。春、夏会从叶丛中抽出花葶，长 10 ～ 20 厘米，花呈短穗状花序，淡绿白色，卵形至三角形。其果为球形，橘红色，浆果温润可爱，内含种子 1 粒。花期为 5 ～ 11 月，果期为 12 月。

种养要点

日照

喜半阴，夏季要避免强光直射。否则，易造成叶子干尖焦边甚至枯黄，影响观赏效果。

温度

喜温暖，最适合其生长的温度为 25 ～ 30℃，冬季室内温度应维持在 15℃左右，最低 10℃。

土壤

对土壤要求不严，一般园土均可栽培，富含腐殖质、疏松、透水性好的微酸性沙质土壤最好，最忌硬的黏土或碱土。盆栽大多采用腐叶土加沙的混合土。

> **Tips**
>
> 万年青的汁液是有毒的，一般以茎部组织液最毒。一般黏液粘到手上或者皮肤上，会引起过敏反应。

浇水

　　夏季应经常保持盆土湿润和周围环境的空气湿度，每天要浇水 1～2 次。冬季应减少浇水频率。

施肥

　　生长期每隔 10～15 天施肥 1 次，最好是液肥，冬季停止施肥。

修剪

　　经常修剪株下部的黄叶、残叶、部分老叶。盆栽时可时常用软布蘸啤酒擦拭叶片除尘，使叶片亮绿、干净。

　　万年青在大众心目中代表着吉祥如意、美满富足、家居平安等美好的涵义。从名称到形状都很适合赠送长者，寓意身体健康、寿比南山。家中摆设万年青，除了能起装饰观赏的作用外，还能营造好的家居氛围。

　　银皇后是万年青的一种，生活习性、种养方法与万年青相同。银皇后茎秆折断后分泌出的透明状液体亦有毒。

健康
应用

观赏

　　万年青终年翠绿常青、生机勃勃，放置家中可起到很好的装饰观赏作用，观之可以让人神清气爽。

环保

　　万年青还具有吸收室内毒气、废气，释放氧气等净化空气的作用，尤其是对免疫力比较弱的老年人来说非常有好处。

药用

　　万年青还有清热解毒、强心利尿、凉血止血的功效，可用于防治白喉、心肌炎、咽喉肿痛、狂犬咬伤、细菌性痢疾、风湿性心脏病导致的心力衰竭等。外用可治跌打损伤、毒蛇咬伤、烧烫伤、乳腺炎、痈疖肿毒等。

虎皮兰

常用别名： 虎尾兰、千岁兰、虎尾掌。

花　　语： 坚定、刚毅。

生 长 地： 原产于非洲西部和南部，我国各地均有栽培。

适宜摆放地： 客厅、门厅、卫生间等均可，由于其夜间可释放氧气，所以也可摆放在卧室。

花草特色

　　虎皮兰为多年生草本植物，变种有金边虎皮兰、银脉虎皮兰。地下茎无枝，叶簇生，下部筒形，尖叶刚而直立，表面乳白、淡黄、深绿相间，呈横带斑纹。花淡绿色或白色，花期 11 ～ 12 月。

种养要点

日照

喜光又耐阴。盛夏需避免烈日直射，其他季节均应多接受光照。若放置在室内光线太暗处时间过长，叶子会发暗，缺乏生机。

温度

喜温暖，最适合其生长的温度为18～27℃，低于13℃即停止生长。冬季温度也不能长时间低于10℃，否则植株基部发生腐烂，造成整株死亡。

土壤

对土壤要求不严，以排水较好的沙质土壤为宜。切忌全部用不透水的黏土或沙土。盆栽可用2/3的腐叶土，外加1/3的园土混合作为培养土。

浇水

浇水要见干见湿，不宜浇水过多，否则容易烂根。夏季高温期还要经常保持叶面清洁，常常向叶面喷水。

施肥

生长旺盛期，每月可施1～2次肥，施肥量要少。进入冬季停止施肥。

修剪

平时注意把老叶和过于茂盛的地方剪除，保证其阳光充足和生长空间。

换盆

每两年就应换1次盆，在春季进行。移栽后浇透水，移阴凉处养护。

繁殖

分株一般结合春季换盆进行，方法是将生长过密的叶丛切割成若干丛，每丛除带叶片外，还要有一段根状茎和吸芽，然后分别上盆栽种即可。

病虫害防治

盆栽不易得病，在湿度过大的情况下易发生褐斑病。控制浇水量，降低空气湿度，可减少病害发生。发病后，及时用75%百菌清可湿性粉剂800～1000倍液喷洒。

健康应用

观赏

虎皮兰叶片坚挺直立，叶面有灰白和深绿相间的虎尾状横带斑纹，姿态刚毅，奇特有趣，可供室内较长时间观赏。

环保

虎皮兰可吸收室内80%以上的有害气体，吸收甲醛的能力超强，并能有效地清除二氧化硫、氯、乙醚、乙烯、一氧化碳、过氧化氮等有害物。另外，虎皮兰堪称"卧室植物"，即便是在夜间它也可以吸收二氧化碳，放出氧气。在室内放置虎皮兰，不仅可以提高人们的工作效率，即使很少开窗换气也能保持较好的空气质量。

药用

虎皮兰可入药，有清热解毒的功效，可治感冒、支气管炎、跌打、疮疡。

君子兰

常用别名： 大花君子兰、大叶石蒜、剑叶石蒜、达木兰。

花　　语： 高贵。

生 长 地： 原产于非洲南部，我国有从欧洲和日本传入的 2 个品种：垂笑君子兰、大花君子兰。

适宜摆放地： 门厅、客厅、餐厅、书房均可。君子兰在夜间能净化空气，适合在卧室养植。

花草特色

君子兰不仅有鲜艳娇美的花朵，更有值得欣赏的碧绿光亮、犹如着蜡、晶莹剔透、光彩照人的叶片。根为肉质纤维状，叶形似剑。伞形花序顶生，花直立，黄色或橘黄色，可全年开花，以春夏季为主。

种养要点

日照

喜光，但夏季阳光直照、暴晒会得日灼病，抑制生长。但冬季阳光照射时间越长越好。

温度

喜温暖，不耐寒，最适合其生长的温度为 15 ～ 20℃，最好不要低于 10℃。抽箭后温度应保持在 18℃左右，昼夜温差最好在 10℃左右，否则花箭长不到适当高度就开花，易形成"夹箭"。低于 10℃时应移入室内。

土壤

适宜在疏松肥沃的微酸性有机质土壤内生长。栽培用土可按腐殖质土65%、净沙20%、细炉灰15%混合而成。土壤的相对湿度宜在40%左右。

浇水

君子兰具有较发达的肉质根，根内存蓄着一定的水分，所以比较耐旱。但要经常注意盆土干湿情况，出现半干就要浇1次水，但浇水量不宜多，保持盆土润而不潮即是恰到好处。

施肥

喜肥，但施肥过量会造成烂根。一般施肥方法是结合换盆施底肥，春秋冬3季每隔1个月施1次发酵过的固体饼肥，每周施1次有机液肥。

修剪

如果有叶片枯黄，就应立即剪除，避免消耗过多养分。修剪后切勿喷水，防止烂叶。修剪时尽量把叶端剪成与好叶相同，不可剪成直平头，要以叶端有尖状为宜。

换盆

每隔1~2年在春秋季换盆换土1次，盆内加入腐熟的饼肥。换盆前要停止给花浇水，待盆土稍干后进行。换盆后要放置于荫蔽处养护。

繁殖

家庭种植的君子兰可用分株法繁殖，须在大苗基部生出小苗后进行，小苗也不宜太小，至少有2~3片叶、高10厘米左右时为宜。

病虫害防治

君子兰只要平时养护得宜，病害较少，若发生较严重的病害，可在市场上对症购买药物喷治。常见的虫害有介壳虫，如只有少量叶片、叶梢发现虫害，可人工刮除。若严重，可用25%亚胺硫磷乳油1000倍液喷杀，也可用40%的氧乐果乳剂1000~1500倍液喷杀。

健康应用

观赏

君子兰姿态优美，典雅端庄，既有如碧玉琢成的叶片，又具有鲜艳娇美的花容，属于花、叶兼赏的高档盆栽，可放置于门前、书房、饭桌等，以显示主人具有君子兰一样的品格。

环保

君子兰有较强的净化空气功能，兼有吸收尘埃的功能，被人们誉为理想的"吸收机"和"除尘器"，具有很高的环保价值。但是君子兰不宜放置在卧室，因在夜间它会消耗氧气，释放出二氧化碳，对人体健康不利。

药用

君子兰有着很高的药用价值，全株均可入药。其叶片和根系中提取的石蒜碱，不但有抗病毒作用，而且还有抗癌作用。

君子兰是一种兼具灵气、秀气和神气的花卉，特别适合书画、文艺等人士的家庭，除了本身具有的高雅之气，还能增强文印之气。

在影视剧或日常生活中，人们经常看到客厅里摆着一盆茂盛的君子兰，这是一种象征着富贵的植物。

吊兰

常用别名： 桂兰、葡萄兰、钓兰、树蕉瓜、浙鹤兰、倒吊兰、土洋参、八叶兰。

花　　语： 无奈而又给人希望。

生长地： 原产于非洲南部，现世界各地广为栽培。

适宜摆放地： 窗台或者明亮的客厅、走廊、门口，也可以悬吊于窗前、墙上。

花草特色

吊兰为宿根草本植物。叶呈条形至条状，狭长，柔韧似兰，长 20 ～ 45 厘米、宽 1 ～ 2 厘米，顶端长、渐尖。吊兰的最大特点在于成熟的植株会不时长出走茎，走茎长 30 ～ 60 厘米，先端均会长出小植株，紧接着开出细小的花序，花白色，数朵一簇。果为三棱状扁球形。花期 5 月，果期 8 月。

种养要点

日照

喜半阴，适宜在散射光条件下生长，亦耐弱光，夏季要避日晒。

温度

喜温暖，不耐霜冻。最适合生长的温度为 15 ~ 25℃，5℃以上可以安全越冬。

土壤

不择土壤，在排水良好、疏松肥沃的沙质土壤中生长较佳。盆栽可用沙质土壤，也可用腐叶土 5 份、河沙 3 份、有机肥 2 份混合配制。

浇水

盆土应经常保持潮湿，因吊兰的肉质根能贮存大量水分，故有较强的抗旱能力，数日不浇水也不会干死。冬季 5℃以下时，应少浇水，盆土不要过湿，否则叶片易发黄。

施肥

生长期每两周施 1 次液肥，施肥时要把叶片撩起。花叶品种应少施氮肥，否则叶片上的白色或黄色斑纹会变得不明显。环境温度低于 4℃时停止施肥。

修剪

平时应随时剪去黄叶。5 月上、中旬将吊兰老叶剪去些，会促使萌发更多的新叶和小吊兰。冬天不要轻易给吊兰修剪枝叶，否则容易死亡。

换盆

每年春季可换盆 1 次，换盆同时剪去老根、腐根及多余须根。

繁殖

常用扦插和分株繁殖，从春季到

Tips

吊兰长得很快，一年就能长满花盆，形状也比较乱，如果不希望它疯长，可在换盆时剪去一些肉质根、控制肥料施用量。

秋季可随时进行。扦插时，只要取长有新芽的匍匐茎 5 ~ 10 厘米插入土中，约 1 个星期即可生根，20 天左右可移栽上盆，浇透水后放阴凉处养护即可。

病虫害防治

病虫害较少，主要易发生理性病害，表现为叶前端发黄，此时应加强浇水管理。经常检查，及时抹除叶上的介壳虫、粉虱等，也可用多菌灵可湿性粉剂 500 ~ 800 倍液浇灌根部，每周 1 次，连用 2 ~ 3 次即可。

吊兰放在卧室，会使卧室显得舒适宁静，能让人感到身心放松，改善夫妻关系。吊兰放在厨房，能够为家居注入生气，还能净化空气。吊兰放在采光不佳的房间，有助于消除冷清感。

有些民俗认为，宽叶植物招财，狭叶植物解煞。这不乏迷信色彩，但确实一盆郁郁葱葱的植物能让家中显得更兴旺。

健康应用

观赏

吊兰是最为传统的居室垂挂植物之一，叶片细长柔软，叶腋中抽生出小植株，由盆沿向下垂，舒展散垂，似花朵，四季常绿。吊兰的花色主要为白色，数朵一簇，看上去清晰可人，具有较高的观赏价值。

环保

吊兰能在微弱的光线下进行光合作用，释放出氧气。同时它可在 24 小时内杀死房间里 80% 的有害物质，吸收掉 86% 的甲醛。它还能将火炉、电器、塑料制品散发的一氧化碳、过氧化氮吸收，还能分解苯，吸收香烟烟雾中的尼古丁等比较稳定的有害物质，故吊兰有"绿色净化器"之美称。

药用

吊兰的根和全草均可入药，具有清肺、止咳、凉血、止血等功效，主治咳嗽、声哑、跌打损伤、牙痛等，内服、外用均可。

散尾葵

常用别名：黄椰子、紫葵。

花　　语：柔美。

生 长 地：原产于非洲的马达加斯加岛，目前世界各热带地区多有栽培。

适宜摆放地：庭院或室内阳光明亮处，可布置客厅、餐厅、书房、卧室或阳台等处。

花草特色

　　散尾葵是有着热带雨林风情的观叶植物，清爽自然，很适合布置家居环境。散尾葵是丛生常绿灌木或小乔木。茎秆光滑，黄绿色，无毛刺，嫩时如披蜡粉，上有明显叶痕，呈环纹状。叶面滑且细长，单叶，羽状全裂，长 40 ~ 150 厘米，叶柄稍弯曲，前端柔软。肉穗花序生于叶鞘束下，小而呈金黄色。果近圆形，橙黄色。花期 3 ~ 5 月，果期 8 月。

种养要点

日照

　　喜光照，较耐阴，不喜强烈的夏季直射光照，也不宜长时间放于无光照处。

温度

　　喜温暖，不耐寒。最适合其生长的温度为 15 ~ 28℃，高温下需要经常喷水降温及保持良好的通风。冬季温度需要保持在 10℃以上，5℃左右易受冻害。

土壤

　　喜疏松肥沃、排水良好、富含腐殖质的微酸性土壤，黏性土壤、碱性土壤或沙质含量过多的土壤不适宜栽培。盆栽可用腐叶土、泥炭土加河沙及部分基肥配制成培养土。

浇水

平时注意保持盆土湿润。夏秋高温期，还要经常保持植株周围有较高的空气湿度，但切忌盆土积水，以免引起烂根。秋冬季要少浇水，保持盆土干湿相宜状态即可。

施肥

生长期每1～2周施1次腐熟液肥或复合肥，以促进植株旺盛生长，叶色浓绿；秋冬季可少施肥或不施肥。

修剪

注意定期旋转花盆，经常修剪下部、内部枯叶。

换盆

每两年换盆土1次，可于每年3月下旬至9月中旬进行，室内栽培四季均可换盆。换好后应该放半阴半阳环境下养护。

繁殖

多用分株繁殖，可结合换盆进行，选基部分蘖多的植株，去掉部分旧盆土，用利刀从基部连接处将其分割成数丛，栽培于合适的基质中。

病虫害防治

除因环境不适及养护不当造成的生理性病害外，红蜘蛛、介壳虫是常见的虫害，所以平时应做好养护管理，病情严重时可购买对症的药液喷治。

健康应用

观赏

散尾葵是华丽风格的代表，它拥有华美秀丽的外表和耐阴的优秀内涵。家居美式风格和法式风格的最佳搭档非它莫属，散尾葵透出的那种慵懒的气息，与繁缛的美式和法式风格的家居装饰搭配得完美无瑕。散尾葵叶子还可用作插花中的切叶，作为插花的陪衬。

环保

散尾葵能够有效去除空气中的苯、三氯乙烯、甲醛等有挥发性的有害物质，同时具有蒸发水汽的功能。如果在家中种植一棵散尾葵，能够将室内的湿度保持在40%～60%，特别是冬季，室内湿度较低时，能有效提高室内湿度。

药用

散尾葵的叶鞘可入药，有收敛止血的功效，对吐血、咯血、便血、崩漏等有一定治疗效果。

龟背竹

常用别名： 蓬莱蕉、铁丝兰、穿孔喜林芋、龟背蕉、电线莲、透龙掌。

花　　语： 健康长寿。

生 长 地： 原产于墨西哥，在欧美、日本常用于盆栽观赏。我国自 20 世纪 80 年代初，大量从美国引种龟背竹，播种的盆栽小苗深受普通大众喜爱。我国北方均作室内盆栽。

适宜摆放地： 龟背竹是布置大客厅的最佳植物，也可放置于书房中，在南方可用于配置庭院，散植于池旁、溪沟和石隙中。

花草特色

龟背竹叶形奇特，株型优美，是极好的室内观叶植物。其为常绿藤本植物，茎粗壮，节多似竹，故名龟背竹。茎上生有长而下垂的褐色根，可攀附他物向上生长。叶较厚，暗绿色或绿色，幼叶心脏形，没有穿孔，长大后叶呈矩圆形，具不规则羽状深裂，自叶缘至叶脉附近孔裂，如龟甲图案。肉穗花序，整个花形好像"台灯"，甚至有"灯罩"和"灯泡"，非常神奇。花期 8 ~ 9 月，果于第二年花期之后成熟。

种养要点

日照

耐阴，略见阳光即可，切忌强光暴晒。

温度

喜温暖，生长适温 20 ~ 25℃，越冬温度为 3℃。

土壤

对土壤要求不严，但在富含腐殖质而又排水良好的微酸性土壤中生长较好。盆栽可用腐叶土、菜园土和河沙等混合作为培养土。

浇水

浇水掌握两个原则：其一是"宁湿勿干"，即比一般花卉水量要大；其二是"两多两少"，即夏季高温季节浇水要多，冬季要少；生长旺盛的成年株浇水要多，新分栽的幼苗要少。

施肥

生长期间，每隔半个月追施1次稀薄饼肥。忌施生肥和浓肥，以免烧根。秋冬停肥。

修剪

初栽时，应设架支撑。当茎节叶片生长过于稠密、枝蔓生长过长时，注意修剪整株，力求自然美观。若欲使茎蔓迅速长高，可适度修剪下部老叶。

换盆

每年春季换盆。去掉部分陈土和枯根，换上大一号的盆，可在盆土中拌入少量优质腐熟有机肥或磷、钾肥作基肥，也可在盆底放蹄片、碎骨等基肥。

繁殖

主要用扦插繁殖。在4～5月从茎节的先端剪取插条，每段带2～3茎节，去除部分气生根，带叶或去叶插于沙床中，一般4～6周生根，10周左右可长出新芽。

病虫害防治

介壳虫是龟背竹最常见的虫害，可用旧牙刷清洗刮除后用40%氧乐果1000倍液喷洒。常见病害有叶斑病、灰斑病和茎枯病，应及时剪去病叶，也可用65%代森锌可湿性粉剂600倍液喷洒。

健康应用

观赏

龟背竹的叶形奇特、迷人，常年碧绿，又很耐阴，给人端庄、宁静、健康之感，加上龟背竹一般植株较大，造型优雅，是非常理想的室内观赏植物。

环保

龟背竹清除空气中甲醛的效果比较明显。另外，龟背竹在夜间能吸收二氧化碳，对改善室内空气质量、提高含氧量有很大帮助。同时它还有一定的增湿效果，根吸收的水分被运送到叶面蒸发出来，从而增加空气湿度。需要注意的是，龟背竹有轻微的毒性，但只要不食用它的汁液或将汁液揉入眼中，其毒性是不会对人造成危害的。

橡皮树

常用别名： 印度橡皮树、印度榕大叶青、红缅树、红嘴橡皮树。

花　　语： 稳重、诚实、信任、万古长青、吉祥如意。

生　长　地： 原产于印度及马来西亚，现我国各地多有栽培。

适宜摆放地： 最适宜摆放在家中阳光充足的地方。小型植株常用来美化客厅、书房；中型植株适合布置宽阔的阳台，显得雄伟壮观，可体现热带风情。

花草特色

橡皮树为常绿木本观叶植物，叶片宽大美观且有光泽，红色的顶芽状似浮云，托叶裂开后恰似红缨倒垂，颇具风韵。它的观赏价值较高，是著名的盆栽观叶植物。橡皮树的花很小，没有花瓣，很多小花隐藏在小罐子似的花托内，就像它们的近亲榕树那样。它在自然环境中通常 5 ~ 7 月开花，花期长达几个月。

种养要点

日照

喜阳光充足的环境，亦能耐阴。除夏季应适当遮阴外，其他时间内最好给予充足的光照。

温度

喜温暖，生长适宜温度为 20 ~ 32℃，不可低于 10℃，否则生长停滞，越冬温度不宜低于 5℃。

土壤

喜疏松、肥沃和排水良好的微酸性土壤，忌黏性土，不耐瘠薄和干旱。盆栽时宜用 1 份腐叶土、1 份园土和 1 份河沙，并加少量基肥配成培养土。

浇水

不宜过勤，宜在表土干燥后再浇透水，也不可长期干旱或只浇表土。

施肥

生长旺盛期应每月追施 2 ~ 3 次以氮肥为主的液肥。冬季进入休眠期，应停止施肥，控制浇水。

修剪

为了使植株生长匀称，保证良好的株型，在幼苗长到 50 ~ 80 厘米高度时摘心，以促进侧枝萌发。侧枝长出后选 3 ~ 5 个枝条，以后每年对侧枝短剪 1 次，2 ~ 3 年后即可获得株型完整、圆浑、丰满的较大型植株。

换盆

通常每两年需换盆 1 次。换盆时根部的泥团尽量不要散，直接放到另外一个花盆里，然后放到阴凉通风的环境下喷水养护。

繁殖

以扦插繁殖为主，在春、夏季进行最好。选择植株上部的隔年枝条，长 20 厘米进行扦插，插后 30 天生根，50 天可上盆。

病虫害防治

常受炭疽病、叶斑病和灰霉病危害，若发此类病害，应结合修剪，清除病枝、病叶和枯梢，以减少病原，还可以用 65% 代森锌可湿性粉剂 500 倍液喷洒。虫害有介壳虫和蓟马，用 40% 氧乐果乳油 1000 倍液喷洒。

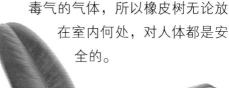

健康应用

观赏

橡皮树叶片肥厚、宽大美观且有光泽，对光线的适应性也非常强，可以说是极适合室内美化布置的盆栽观赏植物。

环保

橡皮树具有独特的净化粉尘功能，也可以净化挥发性有机物中的甲醛，可以放在新装修的居室中。橡皮树还能有效吸收空气中的二氧化碳、氟化氢等有害气体，使室内浑浊空气得到净化。另外，橡皮树在阳光充足的地方能够进行旺盛的光合作用和蒸腾作用，可调节空气湿度和含氧量。橡皮树的叶片中虽含有毒物质，但只要不食用，它就不会自动释放出含有毒气的气体，所以橡皮树无论放在室内何处，对人体都是安全的。

金钱树

常用别名： 雪铁芋、泽米叶天南星、龙凤木。

花　　语： 招财进宝、荣华富贵。

生 长 地： 原产于热带非洲，现世界各地广为栽植。

适宜摆放地： 可摆放在客厅、书房、阳台等地方，不仅旺财，而且显得家居格调高雅，极具南国风情。

花草特色

金钱树是一种以观叶为主的常绿草本植物，地上部无主茎，不定芽从块茎萌发形成大型羽状复叶，叶质厚实、叶色光亮，宛若一挂串连起来的钱币，因此而得名。

种养要点

日照

喜光又有较强的耐阴性,忌强光暴晒。

温度

喜温暖,不耐寒和炎热。生长最适宜温度为 25 ~ 35℃,过高或过低都不利其生长。超过 35℃停止生长,低于 5℃时间过长会产生冻害。

土壤

喜疏松肥沃、排水良好、富含有机质、呈酸性至微酸性的土壤。以泥炭土、椰糠、珍珠岩为 8：2：1 混合作为培养土,其中椰糠和珍珠岩需用水泡过除去其中有害物质。培养土搅拌后最好用 70% 的甲基硫菌灵可湿性粉剂 1000 倍液消毒。

浇水

因其具有较强的耐旱性,应以保持盆土微湿偏干为好。当室温达 33℃以上时,应每天给植株喷水 1 次。冬季要注意给叶面和四周环境喷水,使相对空气湿度达到 50% 以上。中秋以后要减少浇水,或以喷水代浇水。

施肥

生长期可每月浇施 2 ~ 3 次液肥。中秋以后,为使其能平安过冬应减少或停止施肥。当气温降到 15℃以下,应停止一切形式的追肥,以免造成低温条件下的肥害伤根。

修剪

平时注意剪除枯黄的叶片及叶片边缘即可。

换盆

每 1 ~ 2 年换盆土 1 次。宜选在春末夏初,注意换盆后要浇少量水。

繁殖

分株繁殖可在每年春末夏初结合换盆时进行,当室外的气温达 18℃以上时,将大的金钱树植株脱盆,抖去绝大部分宿土,从块茎的结合薄弱处掰开,并在创口上涂抹硫黄粉或草木灰,然后另行上盆栽种。

病虫害防治

病虫害较少,一般金钱树发病多为管理原因导致,若烂根主要是浇水所致,需要及时将植株从盆中倒出,抖落部分宿土,置于半阴凉爽处晾 1 ~ 2 天后换用新的沙质土壤栽植即可。注意用盆不可太大,浇水不可太勤。

健康应用

观赏

金钱树的小叶叶质厚实、叶色光亮,宛若一挂串连起来的钱币。其不仅造型奇特,还有很好的寓意,是非常具有观赏价值的观叶植物。

环保

金钱树在吸收二氧化碳的同时释放氧气,使室内空气中的负离子浓度增加,甚至可以吸收连吸尘器都难以吸到的灰尘,更重要的是它可以吸收甲醛、苯等有害气体,杀灭空气中的病菌。另外,金钱树可以增加植株周围的湿度,特别适合摆在空调房内,保持室内空气的湿度。

巴西木

常用别名： 巴西铁树、巴西千年木、金边香龙血树。

花　　语： 吉祥如意、荣华富贵。

生 长 地： 原产于非洲西部，我国云南、广西、海南，以及泰国、老挝、柬埔寨、印度尼西亚和美洲等地也有分布。

适宜摆放地： 室内阳光充足的地方，如宽阔的客厅、书房、起居室。

花草特色

巴西木为乔木状常绿植物，株高达6米。茎粗大，多分枝。树皮灰褐色或淡褐色，皮状剥落。叶片宽大，生长健壮。花小且不显著，有芳香。在北方不容易见其开花。

种养要点

日照

喜光，亦耐阴，在明亮的散射光中也能生长良好。

温度

喜温暖，不耐寒。最适生长温度为 20 ~ 28℃，休眠温度为 13℃，越冬温度为 5℃。温度太低，叶尖和叶缘会出现黄褐斑，严重的嫩枝或全株会被冻坏。

土壤

要求土壤疏松透气、排水良好、不太黏重，盆栽宜用富含腐殖质、排水良好的肥沃土壤，可用腐叶土与河沙等比例配成。

浇水

遵循"见干即浇、浇则浇透"的原则，生长期注意及时浇水，一般 2 ~ 3 天浇 1 次为宜，每天向叶面喷水 1 ~ 2 次。秋末后宜控制浇水量，保持盆土微湿即可。

施肥

生长期先在植株基部或边缘埋施有机肥，然后每隔 15 ～ 20 天施 1 次液肥，以保证枝叶生长茂盛。施肥宜施稀薄肥，切忌浓肥。冬季停止施肥。

修剪

如果观看整个植株确定形状有偏差，可以适当修剪。修剪时一般是将一个枝丫整个从根节的地方切掉。平时应及时剪除枯枝黄叶。

换盆

每 1 ～ 2 年应换盆 1 次。换盆时，应将旧土换掉 1/3，再换入新的盆土，同时修整叶茎及茎秆下部老化枯焦的叶片。

繁殖

繁殖以 5 ～ 8 月份为宜，以扦插为主。具体做法是将切下的茎段上端涂上石蜡或油漆，防止水分蒸发，避免进水腐烂。下端插入水中 2 ～ 3 厘米，并经常保持水和容器清洁，或下端插入经过清洗后的粗沙中，保湿遮阴，温度保持 25℃以上，约一个多月即可生根。

病虫害防治

巴西木不易招虫害，但如果环境不适宜，会有介壳虫、蓟马、红蜘蛛危害，所以应经常保持叶面清洁，适当通风，改善小环境。一旦发生虫害应及时清除虫体，喷施数次烟叶浸出液即可。有时巴西木叶片会有焦边、叶尖枯焦等现象，这多为干旱。温度过低，浇水、施肥不当或过于通风引起的生理病害，只要有针对性地改善生长环境即可。

健康应用

观赏

巴西木株型优美、规整，是目前颇为流行的室内大型盆栽花木，尤其是放置在较宽阔的客厅、书房、起居室内，显得格调高雅、质朴，并带有南国情调。

环保

巴西木可吸收二甲苯、甲苯、三氯乙烯、苯和甲醛等有害气体，适合放在室内养植，可放在室内阳光充足的地方。但注意不要放在卧室内，因巴西木在晚上不会进行光合作用，不能释放氧气，放在卧室会造成卧室内氧气不足等。

滴水观音

常用别名： 狼毒（地下茎）、天芋、观音莲、羞天草、隔河仙。

花　　语： 志同道合、诚意、内蕴清秀。

生 长 地： 原产于南美洲，现盛产于我国云南省中南、西部至东南部，四川、贵州、湖南、江西、广西、广东及沿海岛屿、福建、台湾也有分布。

适宜摆放地： 最好是在有散射光、水分充足、通风良好的地方摆放，如客厅、门厅等。

花草特色

　　滴水观音为多年生直立草本植物，植株可高达2米，地下有肉质根茎，叶柄长，有宽叶鞘，叶较大，呈盾状阔箭形，聚生茎顶，边缘微波状，主脉明显。开花如佛焰状，黄绿色。花期4～7月，温暖、湿润条件下也可开花。

日照

喜阴，不可放置在有阳光直射的地方。

温度

喜温暖，不耐寒。最适生长温度为 20 ~ 30℃，最低可耐 8℃低温，夏季高温时只要保持土壤潮湿、经常喷水、遮阴仍能正常生长，冬季室温不可低于 5℃。

土壤

对土壤的要求不高，但在排水良好、含有机质的沙质土壤或腐殖质土壤中生长最好。可用腐叶土、泥炭土、河沙加少量沤透的饼肥混合配制的营养土栽培，另也可水培，但要注意防烂根和添加营养液。

浇水

生长期既要保证盆土湿润，又要不时给叶面喷水。冬季要适当少浇，以免烂根。

施肥

生长期应每隔半月追施 1 次液肥，其中氮元素比例可适当提高，如能加入一些硫酸亚铁则更好。

修剪

修剪黄叶时，必须连同叶柄一并剪去。如果叶片只是叶尖、叶缘枯黄，其他部分尚绿，可以只修剪边缘或叶尖部分，其他部分保留。

换盆

一般每 2 ~ 3 年春季换盆 1 次，如果发现盆底有根系伸出来时，就要换盆了。换盆时要事先控制浇水，让盆土稍干燥些，利于脱盆。

繁殖

最常用分株法繁殖。每逢夏、秋季节，块茎都会萌发出带叶的小滴水观音，可结合换盆进行分株繁殖。

病虫害防治

病害主要有叶斑病和炭疽病。叶斑病可用百菌清或多菌灵 800 倍液对叶面喷雾，连喷 2 ~ 3 次即可，每次隔 7 天。炭疽病则需用 75% 的甲基硫菌灵 500 倍液对叶面喷雾，每隔 7 天 1 次，连喷 2 ~ 3 次，基本可以控制。虫害主要有红蜘蛛和介壳虫，可用人工刮除，也可喷洒药液。

观赏

滴水观音叶子绿意葱茏，花如观音，又因其在湿度很大的时候叶子边缘会滴水，所以叫"滴水观音"。其欣赏价值很高，可用来调节家居颜色、烘托家居气氛，是家庭常见的大型观叶植物。

环保

滴水观音释放的氧气量大，有"天然小氧吧"之称，还能增加空气中的湿度，防止室内过度干燥。但是，滴水观音汁液有毒，切记不能误食。

袖珍椰子

常 用 别 名： 矮生椰子、袖珍棕、矮棕。

花　　　语： 生命力。

生 长 地： 原产于墨西哥和危地马拉，现世界各地均有种植。

适宜摆放地： 小型盆栽宜置案头桌面，为台上珍品，亦宜悬吊室内，装饰空间。大型盆栽可供厅堂、书房等处陈列。

花草特色

　　袖珍椰子盆栽时，株高不超过1米，其茎干细长直立，不分枝，深绿色，上有不规则环纹。叶片由茎顶部生出，为羽状复叶，全裂，裂片宽披针形，深绿色，有光泽。肉穗花序腋生，花黄色，呈小球状，浆果为橙黄色。花期为春季。其置于室内会让家中增添不少热带风情。

种养要点

日照

　　喜光照又耐阴，除冬季阳光需求较多外，其他季节最好放在散射光下。

温度

　　喜温暖，最适生长温度为25～30℃，越冬需要保持在12℃以上。

土壤

以排水良好、湿润、肥沃土壤为佳，盆栽时一般可用腐叶土、泥炭土加 1/4 河沙和少量基肥作为基质。

浇水

浇水以"宁湿勿干"为原则，盆土经常保持湿润。夏秋空气干燥时，还要经常向植株喷水，以提高环境的空气湿度，这样有利其生长，同时可保持叶面深绿且有光泽。冬季适当减少浇水量，以利于越冬。

施肥

一般生长季每月施 1 ~ 2 次液肥，秋末及冬季稍施肥或不施肥。

修剪

无需特别修剪，只需适时剪除枯叶、黄叶即可。

换盆

每隔 2 ~ 3 年于春季换盆 1 次，注意别使根须受伤太多。

繁殖

可以进行分株繁殖，将一年生以上的盆栽袖珍椰子，在春季结合换盆进行分株，定植于准备好混合基质的花盆里，一盆可分为两盆。

病虫害防治

病害较少，一般每月喷施 1 次多菌灵或百菌清溶液预防即可。如果环境适宜，又加上经常喷水冲洗叶面的话，虫害很少。

袖珍椰子能使人活力增强、精力充沛，无论恋爱或工作，都拥有满满的行动力。

健康应用

观赏

袖珍椰子植株小巧玲珑，株型优美，姿态秀雅，叶色浓绿光亮，耐阴性强，是优良的室内中小型盆栽观叶植物。放置家中，能给人以真诚纯朴，生机盎然之感。

环保

袖珍椰子能同时净化空气中的苯、三氯乙烯和甲醛，是植物中的"高效空气净化器"，非常适合摆放在室内或新装修好的居室中。

绿萝

常用别名： 魔鬼藤、石柑子、竹叶禾子、黄金葛、黄金藤。

花　　语： 坚韧善良、守望幸福。

生　长　地： 原产于中美、南美的热带雨林地区。现我国上海、江苏、福建、台湾、广东、广西等地均有分布。

适宜摆放地： 放在厨房既达到环保的目的，又为厨房增添了一点绿色。也可放在家人接触最多的地方，如客厅电视旁边和客厅的桌子上都是很好的选择。

花草特色

绿萝藤长可达数米，随生长年数的增加，茎增粗，叶片亦越来越大。叶子形状不一，绿色，少数叶片也会略带黄色斑驳纹，年幼植株为完整心形，成年植株呈不规则的龟背状裂开。也可以采用水培。

种养要点

日照

极耐阴，在室内向阳处即可四季摆放。放室外培养，要注意遮阳，特别是夏季更要注意防止强光直射，否则会导致新叶变小，叶色暗淡，同时易灼伤叶缘。

温度

喜温暖，最适生长温度为 20 ～ 30℃，冬季室温不宜低于 10℃。

土壤

喜疏松、肥沃、排水良好的土壤。盆土以富含腐殖质的沙质土为宜。介质以园土、木屑、蘑菇泥为主，配制比例为 5：3：1，堆沤半年后使用效果更好。

换盆

绿萝最好选在生长旺盛的夏季换盆，换盆时间间隔 3 年左右为最佳。

繁殖

多采用扦插法繁殖。选取健壮的绿萝藤，剪成两节一段，注意不要伤及根部，然后插入介质中，深度为插穗的 1/3，浇足水放置于荫蔽处即可。

病虫害防治

虫害包括介壳虫、红蜘蛛。可以使用酒精杀虫，棉签去除，或用手直接取出。

浇水

生长期间对水分要求较高，除正常向盆土补充水分外，还要经常向叶面喷水，做柱藤式栽培的还应多喷水于棕毛柱子上，使棕毛充分吸水，以供绕茎的根吸收。

施肥

生长期可每 2 周施 1 次液肥，使叶片翠绿，斑纹更为鲜艳。冬季应停止施肥。

修剪

修剪应在春季进行。当茎蔓爬满盆时，可剪去其中几株的茎梢。

健康应用

观赏

绿萝茎细软，自然下垂，叶片娇秀。在家具的柜顶上高置套盆，任其蔓茎从容下垂，或在蔓茎垂吊过长后圈吊成圆环，宛如翠色浮雕，极富生机，给居室平添几分情趣，是非常优良的室内装饰植物。

环保

绿萝能吸收空气中的苯、三氯乙烯、甲醛等。研究表明，一盆绿萝在 8 ~ 10 米^2 的房间内相当于 1 个空气净化器，非常适合摆放在新装修好的居室中。把绿萝放在厨房中，可以有效地吸收由于炒菜产生的油烟，清除一些厨房的其他异味。

文竹

常用别名: 云片松、刺天冬、云竹。

花　　语: 爱情的永恒。

生 长 地: 原产于南非,在我国广泛栽培。

适宜摆放地: 喜欢荫蔽的地方,最适宜摆放在书房的书架、书桌、案头、茶几上。

花草特色

　　文竹为攀缘植物,最高可达几米。茎的分枝极多,近平滑。叶状枝通常每10～13枚成簇,刚毛状,略具三棱,长4～5毫米。花通常每1～3朵腋生,白色,有短梗,花期9～10月。浆果直径6～7毫米,熟时紫黑色,有1～3颗种子。果期冬季至翌年春季。

种养要点

日照

　　适宜在半阴、通风环境下生长,平时要注意适当遮阴,尤其是夏秋季要避免烈日直射,以免叶片枯黄。

温度

　　喜温暖,不耐寒。最适生长温度为15～25℃,5℃以下容易出现冻害,高于32℃会停止生长,叶片发黄。

土壤

　　以疏松肥沃、排水良好、富含腐殖质的沙质土壤为好。盆栽常用腐叶土 1 份、园土 2 份和河沙 1 份混合作为基质，种植时加少量腐熟肥作基肥。

浇水

浇水要适当控制，一般是盆土表面见干再浇。如果感到水量难以掌握，也可以采取大小水交替进行。即浇 3 ~ 5 次小水后，浇 1 次透水，使盆土上下保持湿润而含水不多。夏季早晚都应浇水，水量稍大些也无妨。冬季则要少浇水。

施肥

生长期一般每 15 ~ 20 天施腐熟的有机液肥 1 次。冬季控制施肥。

修剪

文竹生长较快，要随时疏剪老枝、枯茎，保持低矮姿态。同时，及时剪去蔓生的枝条，保持挺拔秀丽，疏密有致而青翠。

换盆

当文竹长到一定程度，根系会把整个盆撑满，土壤肥力也会用光，此时就应该翻盆换土了。换盆应以早春为宜，可在盆底部垫一层约占盆高 1/5 左右的硬塑料泡沫碎块，以利于透气排水。刚换盆时不宜浇太多的水。

繁殖

常用分株法繁殖，可在换盆时进行。将生长过密的丛生株分为 2 ~ 3 株一盆或一丛。置半阴处养护，直到发出新叶或新株时为成活。

病虫害防治

在湿度过大且通风不良时易发生叶枯病，应适当降低空气湿度并注意通风透光。发病后可喷洒 200 倍波尔多液或 50% 多菌灵可湿性粉剂 500 ~ 600 倍液，或喷洒 50% 硫菌灵可湿性粉剂 1000 倍液进行防治。夏季易发生介壳虫、蚜虫，可人工刮除，也可用 40% 氧乐果 1000 倍液喷杀。

健康应用

观赏

文竹叶片轻柔，常年翠绿，枝干有节似竹，且姿态文雅潇洒，独具风韵，深受人们的喜爱，是有名的室内观叶植物。

环保

文竹在夜间除了能吸收二氧化硫、二氧化氮、氯气等有害气体外，还能分泌出杀灭细菌的气体，减少感冒、伤寒、喉头炎等传染病的发生，对人体的健康大有好处。而且可以对肝脏有病、精神抑郁、情绪低落者有一定的调节作用。

药用

文竹以根入药，可治急性气管炎，具有润肺止咳、凉血通淋的功能，以全草入药,可治疗小便淋沥,郁热咯血、吐血。

皱叶薄荷

常用别名： 柠檬香蜂草、薄荷香脂、蜂香脂、蜜蜂花、吸毒草。

花　　语： 心情愉悦。

生 长 地： 原产于欧洲地中海南岸，在欧洲、北美、亚洲均可找到，主要产地在法国。

适宜摆放地： 室内阳光充足的地方，如客厅、窗台、阳台。

花草特色

　　皱叶薄荷是一种比较奇特的多年生草本植物，株高 50 厘米，茎叶具有肥皂香味，轮伞形花序，唇形白色花，花期 7 ~ 8 月。其很受蜜蜂喜欢，所以又被称为"柠檬香蜂草"，浅绿色的叶子揉一揉会闻到一股柠檬的香味。

种养要点

日照

　　喜明亮光照，每天最好能有 3 ~ 4 小时的直射阳光，但炎夏的中午前后应适当遮阴。

温度

对温度的要求不高，最适生长温度为 10～20℃，冬季能耐低于 0℃ 的低温，但夏季 30℃ 以上的高温其生长受限。

土壤

对土壤没有苛刻要求，在一般的土壤中即能生长。

浇水

土面不干不浇水，干则浇透水，用清水或淘米水浇灌即可。炎夏为了保持空气湿度，可在其周围喷水。

施肥

生长旺盛期适当喷洒肥液，冬季停施。

修剪

生长旺盛时每周略修剪，在较高的枝节上有长新叶的上方剪掉就可以了，如出现黑边叶子或根部老的叶子摘掉即可。

换盆

每年春季换盆，可根据植株的大小在阳光好的日子换盆，但不能太频繁，而且要注意换盆时保护好根部。

繁殖

可扦插繁殖，剪下顶芽 5 厘米长的枝干插于干净的介质中，2～3 周即可移植，但须留意勿损伤叶片，同时注意保湿和遮阴。分株法繁殖则是切取植株茎部接触地面的部分，其很轻易能长根，切取后重新种植即可。

病虫害防治

病害主要是锈叶病，主要是因为生长期温度低、湿度高导致的，应注意防晒。虫害主要是大青虫，可用木棍刮除，并让阳光充分直晒。

健康应用

观赏

皱叶薄荷又名柠檬香蜂草或者吸毒草，它的叶片形似薄荷，有特殊的香味，植株饱满，四季常青，特别适合居室栽培。

环保

皱叶薄荷专吸室内空气中的有毒有害气体，如甲醛、氡气、苯气、氨气、二氧化硫、二氧化碳以及烟味等异味，同时释放负离子的速度较快，还可起到消毒杀菌的作用。

食用、药用

可在皱叶薄荷开花前收获叶片做茶饮、沙拉等。皱叶薄荷也具有药用价值，揉一揉会散发一股柠檬的香味，可去除头痛、腹痛、牙痛，并有助于治疗支气管炎以及消化系统疾病。

常春藤

常 用 别 名： 土鼓藤、钻天风、三角风、散骨风、枫荷梨藤。

花　　　语： 友谊、忠实、婚姻。

生 长 地： 原产于我国，分布于亚洲、欧洲及美洲北部，现我国华中、华南、西南及陕、甘等省多有培育。

适宜摆放地： 在庭院中可用以攀缘假山、岩石，室内可放在较宽阔的客厅、书房、卧室内。

花草特色

常春藤为常绿攀缘灌木，单叶，叶片在不育枝上通常有裂片或裂齿，但是在花枝上常不分裂。花为伞形花序，单个顶生，或几个组成顶生短圆锥花序，花小，黄白色或绿白色。果实球形，黄色或红色。花期为 5 ~ 8 月，果期为 9 ~ 11 月。

种养要点

日照

喜光，也较耐阴，放在半日照条件下培养则节间较短，叶形一致，叶色鲜明，因此宜放室内光线明亮处养护。

温度

喜温暖，最适生长温度为 20 ~ 25℃，怕炎热，不耐寒。因此放置在室内养护时，夏季要注意通风降温，冬季室温最好能保持在10℃以上，不能低于5℃。

土壤

对土壤要求不严，喜湿润、疏松、肥沃的土壤，不耐盐碱。盆土宜选腐叶土或泥炭土加 1/4 河沙和少量骨粉混合配成的培养土。

浇水

生长期浇水要"见干见湿"，不能让盆土过分潮湿，否则易引起烂根、落叶。冬季室温低，尤其要控制浇水，保持盆土微湿即可。

健康应用

施肥

生长期每 2 ~ 3 周施 1 次稀薄饼肥水。一般夏季和冬季不需要施肥。

修剪

小苗上盆 (最好每盆栽 3 株) 长到一定高度时要注意及时摘心，促使其多分枝，则株型丰满。老株长得过于繁茂时要进行适当修剪。

换盆

每隔 1 ~ 2 年换 1 次盆土，换盆时准备较大一点的盆，同时可以剪掉部分根系。

繁殖

可采用扦插法繁殖。适宜在 4 ~ 5 月和 9 ~ 10 月，切下半成熟枝条作插穗，其上要有一至数个节，插后要遮阴、保湿，增加空气湿度，3 ~ 4 周即可生根。

病虫害防治

病害主要有叶斑病、炭疽病等，发病初期摘除病叶，严重时可用 75% 百菌清 500 倍液、50% 多菌灵可湿性粉剂 800 ~ 1000 倍液或 70% 硫菌灵可湿性粉剂 800 ~ 1000 倍液喷洒。虫害以介壳虫和红蜘蛛的危害较多，可人工刮除，也可采用三氯杀螨醇 800 ~ 1000 倍液、50% 氧乐果 1000 倍液交替防治。

观赏

常春藤叶形美观，还有香气，且四季常青。悬挂，让其自然附着垂直或覆盖生长，能使屋内绿意葱葱，可起到装饰美化环境的效果。

环保

常春藤可以净化室内空气，有效清除室内的三氯乙烯、硫比氢、苯、苯酚、氟化氢和乙醚等，给人体健康带来极大的好处。常春藤还能有效抵制尼古丁中的致癌物质，通过叶片上的微小气孔，常春藤能吸收有害物质，并将之转化为无害的糖分与氨基酸。

药用

常春藤全株均可入药，有祛风湿、活血消肿的作用，对跌打损伤、腰腿疼、风湿性关节炎等症均有治疗效果。其果实、种子和叶子均有毒，孩童误食会引起腹痛、腹泻等症状，严重时会引发肠胃发炎、昏迷，甚至导致呼吸困难等。但茎叶可当发汗剂以及解热剂。

合果芋

常用别名： 长柄合果芋、紫梗芋、剪叶芋、丝素藤、白蝴蝶、箭叶。

花　　语： 悠闲素雅、恬静怡人。

生 长 地： 原产于中美洲及南美洲的热带雨林，现我国各地多有培育。

适宜摆放地： 既可作为大型盆栽，设立支柱或台架，任其自然攀缘，陈列于客厅、会议室、餐厅等处；也可小盆栽植，矮化为丛生植株，陈列于台架、阳台、沙发旁，绿化居住环境。

花草特色　　合果芋为多年生蔓性常绿草本植物。茎节可生根，攀附他物生长。幼叶为单叶，箭形或戟形，老叶成 5～9 裂的掌状叶，初生叶色淡，老叶呈深绿色，且叶质加厚，常有白色斑纹。

种养要点

日照

喜半阴环境，怕强光暴晒。

温度

喜高温，不耐寒。最适生长温度为 22 ~ 30℃，若冬季室温低于10℃，叶片就会因低温危害而变黄。

土壤

以肥沃、疏松和排水良好的沙质土壤为宜。盆栽土适宜用腐叶土、泥炭土和粗沙的混合土。

浇水

夏季生长旺盛期需充分浇水，保持盆土湿润，以利于茎叶快速生长。每天增加叶面喷水量，保持较高的空气湿度。冬季应减少浇水量。

施肥

生长期每 1 ~ 2 周施稀薄液肥 1次。每月喷 1 次 0.2% 硫酸亚铁溶液，可保持叶色翠绿。如果摆放于室内，不需生长过快，则须控制施肥量。冬季停止施肥。

修剪

无需特别修剪，只需适时剪去老枝和杂乱枝即可。

换盆

每 2 ~ 3 年换盆土 1 次，结合换盆进行一定的修剪。

繁殖

以扦插繁殖为主，一般在 5 ~ 9月进行，可用嫩枝插，也可用芽插，剪取茎的先端或中段 2 ~ 3 节，插入蛭石或素沙中，罩上塑料薄膜，保持适当的湿度和温度，经 10 ~ 20 天即可生根。

病虫害防治

常见叶斑病和灰霉病危害，可用70% 代森锌可湿性粉剂 700 倍液喷洒。平时可用等量式波尔多液喷洒预防。常见虫害主要有粉虱和蓟马危害茎叶，可用 40% 氧乐果乳剂 1500 倍液喷杀。

健康应用

观赏

合果芋株态优美，叶形多变，茂盛翠绿的枝叶让人赏心悦目，与绿萝、蔓绿绒一起被誉为天南星科的代表性室内观叶植物，也是目前欧美十分流行的室内吊盆装饰材料。

环保

合果芋可以用自己宽大漂亮的叶子提高空气湿度，并吸收大量的甲醛和氨气，且叶子越多，过滤净化空气和保湿功能越强。

变叶木

常用别名： 变色木、洒金榕。

花　　语： 变幻莫测。

生 长 地： 原产于马来西亚、太平洋诸岛屿、澳大利亚。现我国福建、广东、海南、台湾等省均有栽培。

适宜摆放地： 常丛植于庭院中或作绿篱，最好放在阳台上养植，因其对人体有促癌作用。

花草特色

变叶木叶形千变万化，叶色五彩缤纷，是观叶植物中叶色、叶形和叶斑变化最丰富的，也是最具形态美和色彩美的盆栽植物之一。其叶还是极好的花环、花篮和插花的装饰材料。

种养要点

日照

喜光，较耐阴。在明亮的房间内可以长期欣赏，在较暗的室内也可连续摆放 3 ~ 4 月。

温度

喜温暖，不耐寒。最适生长温度为 20 ~ 35℃，冬季不得低于 15℃。若温度降至 10℃以下，叶片会脱落。

土壤

喜肥沃、黏重而保水性强的土壤。盆栽土适宜用腐叶土、泥炭土加珍珠岩或风化岩石颗粒或泥塘块混合。

浇水

4 ~ 8 月是生长旺盛期，应给予充足的水分。秋季至翌年春，可降低浇水量，但要注意向叶面喷水，经常保持室内温暖、湿润，并适当通风。

施肥

夏季生长旺盛期一般每月施 1 次肥，且要避免阳光直射。冬春季应控制使用肥水，多接受阳光直射，有利于生长。

修剪

无需特别修剪，只需适时剪掉

干枯叶、老叶即可。

换盆

每 1 ～ 2 年换盆 1 次，换盆前停止浇水，使盆土干燥，便于植株倒出。倒出植株后，先去除外面一层的旧土和老根、烂根，然后往新盆里加入新的土壤，放入植株，并把植株周围的空隙填好土，浇透水，将植株放置荫蔽处 4 ～ 5 天后可逐渐见光，待完全恢复正常生长后，即可转入正常养护。

繁殖

以扦插繁殖为主，也可压条和分株繁殖。硬枝扦插可在 3 月上旬前植株尚未发芽时进行，此时剪取枝梢 2 ～ 3 节在温暖处盆插，也可在发芽后到 7 月新芽停止生长期间进行嫩枝扦插。

病虫害防治

常见黑霉病、炭疽病为害，可用 50% 多菌灵可湿性粉剂 600 倍液喷杀。室内栽培时，由于通风条件差，往往会发生介壳虫和红蜘蛛为害，可人工刮除，也可用 40% 氧乐果乳油 1000 倍液喷杀。

Tips

有的植物虽然有毒，如滴水观音，但只要人们不食用就不会出问题。而变叶木汁液中含有微量致癌物质，因此不推荐在室内种植。

健康应用

观赏

变叶木是少见的可以变色的植物，叶色会随季节、光照变化而变化，由绿到黄，由黄到红的渐变，让人不会感到色彩的单一。其变色时色彩炫目、生机勃勃，让人赏心悦目。

环保

变叶木放置室内可以用来吸收甲醛，净化空气，同时能够起到装饰作用，但其汁液中含有激活病毒的物质，长时间接触有诱发鼻咽癌的可能，所以不宜在室内长时间摆放。

棕竹

常用别名： 观音竹、筋头竹、棕榈竹、矮棕竹。

花　　语： 辟邪、节节高升、平安。

生　长　地： 原产于我国南部至西南部，日本亦有分布。

适宜摆放地： 适宜摆放在家中通风阴凉的地方，如庭院或明亮的客厅。

花草特色

棕竹为丛生灌木，高2～3米，茎圆柱形，分解成稍松散的马尾状、淡黑色、粗糙而硬的网状纤维。叶掌状且深裂，边缘及肋脉上具稍锐利的锯齿，横小脉多而明显，叶柄两面凸起或上面稍平坦，边缘微粗糙。肉穗花序腋生，花小，多为淡黄色。花期4～5月。浆果、种子均呈球形。

种养要点

日照

喜半阴通风的环境，畏烈日。

温度

喜温暖，最适生长温度为20～30℃，冬季室温应保持在4℃以上，能耐短期0℃左右的低温。

土壤

喜疏松肥沃的酸性土壤，不耐瘠薄和盐碱，要求较高的土壤湿度和空气温度。盆栽可用腐叶土、园土、河沙等量混合配置，盆底可加适量基肥。

浇水

平时要注意保持盆土湿润，但不可积水。夏季要早晚浇水，并向叶面喷水。冬季要适量减少浇水量。

施肥

在春夏生长期，宜薄肥勤施，以腐熟的有机液肥较好。肥料中可加少量的硫酸亚铁，促使叶色更加翠绿。

修剪

修剪相对简单，主要剪去枯黄叶及病叶，如层次太密，也可进行疏剪。

换盆

每隔2年换盆1次，对新生的植株，可进行分株栽植或重新布局。换盆时间宜在春季3～4月进行。

繁殖

分株繁殖可在2～3月间，选一二年生母株3～5株为一丛，带土分栽。扦插可在5～6月进行，将一年生枝剪成有2～3节的插穗，去掉一部分叶片，插于沙床中，保持湿润，当年可生根。移栽需在2～3月进行。

病虫害防治

如通风不良易发生介壳虫。若少量发生，应及时人工刮除，并用800倍氧乐果乳液防治，同时注重通风透气，实时修剪枯枝败叶。

健康应用

观赏

棕竹树形优美、挺拔、潇洒，且四季常绿，独特的扇状叶片极具热带风情，是家居非常适用的观叶盆栽。

环保

棕竹能够吸收多种有害气体，净化空气，且吸收率在80%以上。同时棕竹还能消除重金属污染，并对二氧化硫污染有一定的抵抗作用。当然作为叶面硕大的观叶植物，其最大的特点就是具有一般植物所不能企及的吸收二氧化碳并制造氧气的功能。

药用

棕竹的药用价值显著，有镇痛、止血的功效，多用于各种外伤疼痛的治疗，以及鼻衄、咯血、产后出血过多等。

富贵竹

常用别名： 万寿竹、距花万寿竹、开运竹、富贵塔、竹塔、塔竹、水竹。

花　　语： 花开富贵、竹报平安、大吉大利、富贵一生。

生 长 地： 原产于加那利群岛及非洲和亚洲的热带地区，现我国各地均有分布。

适宜摆放地： 富贵竹适合作小型盆栽，用于布置居室、书房、客厅等处，可置于案头、茶几和台面上。

花草特色

富贵竹属多年生常绿小乔木，直立，根茎上有结节。叶互生或近对生，浓绿色，也有银边的品种。伞形花序生于叶腋或与上部叶对花，紫色。浆果近球状，黑色。由于其象征着大吉大利，所以非常受花友喜爱。

种养要点

日照

对光照要求不严，喜光也能耐阴，可以长期置于室内，无需日照也可正常生长。

温度

喜高温，生长适温20～28℃，夏秋高温多湿季节，对富贵竹生长十分有利，是其生长的最佳时期。冬季要注意防寒、防霜冻，温度在10℃以下叶片会泛黄萎落。

土壤

适宜在疏松、肥沃的土壤栽培，或水培。可用腐叶土、菜园土、沙按5：4：1混合作培养土，如渗入少量碎鸡蛋壳，则长势更旺。

浇水

在生长期应经常保持土壤湿润，并常向叶面喷水或洒水。冬季土壤应干湿相宜，减少浇水。

施肥

坚持薄肥勤施，15～20天少量施1次氮磷钾复合肥，过量或单施氮肥易徒长。冬季不施肥。

修剪

无需特别修剪，若有黄叶、枯叶、烂叶、烂根应及时剪除。

换盆

每年春季3～4月可换盆换土，盆底先垫2～3厘米厚的陶粒或粗沙砾做排水层，再加入培养土。

富贵竹是一种著名的开运植物，一般适合摆在东方，据说有利官运、学业的气场，作用和文昌塔、毛笔架类似。

富贵竹既可水培，又可土养，对温度、水肥要求不高，比较好养，水培如果用自来水，最好先放置一段时间，待氯气挥发后再使用。

繁殖

常采用扦插繁殖，只要气温适宜全年均可进行。一般剪取不带叶的茎段作插穗，长5～10厘米，最好有3个节间，插于水中、沙床中或半泥沙土中均可。

病虫害防治

天气偏冷或光照不足易致叶片发黄，可以让阳光直射，或者在浇花的水里加点硫酸亚铁即可。浇水过多或湿度过大，也易发生褐斑病，要根据情况调整浇水量。富贵竹不易发生虫害。

健康应用

观赏

富贵竹富贵典雅、玲珑别致，有很好的观赏性。富贵竹的茎干可塑性强，可以根据人们的需要进行单枝弯曲造型，也可切段组合造型。目前市面上富贵竹的盆景也有很多，造型都很有特色，有些还有着浓郁的艺术氛围。富贵竹还有很好的寓意，摆放富贵竹可以显示主人的品味风格以及高尚追求。

环保

居室内摆放郁郁葱葱的富贵竹，不仅有良好的装饰作用，还可以改善局部环境。富贵竹可以帮助不经常开窗通风的房间改善空气质量，具有消毒功能，尤其是卧室，这是因为它可以有效地吸收废气，释放氧气。

发财树

常用别名： 瓜栗、中美木棉、鹅掌钱。

花　　语： 财源滚滚、兴旺发达、前程似锦。

生 长 地： 原产于拉丁美洲的哥斯达黎加、澳洲及太平洋中的一些小岛屿，现已广泛进入中国家庭。

适宜摆放地： 门厅、客厅一角等。

花草特色

发财树最大的特点是叶片呈掌状，有小叶 7～11 枚，长圆至倒卵圆形。叶色亮绿，树干呈锤形。花较大，长达 22.5 厘米，花瓣条裂，花色有红、白或淡黄色，色泽艳丽。4～5 月开花，9～10 月果熟，内有 10～20 粒形状不规则的浅褐色种子。

种养要点

日照

适应性强，既耐阴又喜阳光，但不能长时间荫蔽，应置于室内阳光充足处。夏天炎热时注意适当遮阴。

温度

喜温暖，不耐寒。最适生长温度为 20～30℃，冬季最低温度 16～18℃，低于这一温度叶片变黄脱落，10℃以下容易死亡。

土壤

喜肥沃疏松、透气保水的沙质土壤或酸性土，忌碱性土或黏重土壤。一般用疏松菜园土或泥炭土、腐叶土、粗沙，加少量复合肥或鸡屎作基肥混合成培养土。

浇水

夏季室内栽培的 3 ~ 5 天浇 1 次水，春秋季节 5 ~ 10 天浇 1 次水。室外全光照养护的，1 ~ 2 天浇 1 次水，并经常喷洒叶面，冲洗灰尘。冬天视室温而定，盆土略潮为宜。室温若在 12℃左右，1 个月浇 1 次水即可。

施肥

如果土壤够肥沃，则不需要施肥；如果养得久了，可以考虑施薄肥，但切忌浓肥。施肥可以用一些常见的观叶肥料。

修剪

在每年的春季进行修剪，可根据个人的喜好高度剪去顶梢。也可以结合换盆进行修剪，剪去顶芽，可促使植株多分枝和茎干基部膨大。

换盆

每两年应换 1 次盆土，换盆于深秋和早春进行，换盆前不要浇水，待盆土收缩，比较好与盆壁分离时再分盆，重新栽种。

繁殖

采用扦插法繁殖，可于 5 ~ 6 月取萌蘖枝作插穗，扦入沙或峻石中，注意遮阴、保湿，约 1 个月即可生根。春季也可利用植株截顶时剪下的枝条，扦插在沙石或粗沙中，保持一定湿度，约 30 天可生根。

病虫害防治

病害主要有黄叶病、根腐病、叶枯病等，可根据具体情况，自购药物进行喷治。

健康应用

观赏

发财树叶形独特，花色绚丽，是家居观赏的好选择，且有非常好的寓意，是馈赠亲友的最佳选择。

环保

发财树不仅美观，有美好的寓意，还能调节室内温度和湿度，有着天然"加湿器"的作用。即使在光线较弱或二氧化碳浓度较高的环境下，发财树仍然能够进行高效的光合作用，吸收有害气体，提供充足的氧气，有利于人体健康。

冷水草

常用别名：冷水花、白雪草、铝叶草。

花　　语：恬静。

生 长 地：原产于越南，现中国广东、广西、湖南等地多有栽培。

适宜摆放地：客厅、卧室、书房均可，且可放置在室内半阴处。

花草特色

　　冷水草为多年生草本植物，茎呈匍匐状，肉质，比较纤细，中部稍膨大，无毛。叶面如纸质，为狭卵形、卵状披针形或卵形。花雌雄异株；雄花序聚伞总状，长 2～5 厘米，有少数分枝，团伞花簇疏生于花枝上；雌花序聚伞花序较短且密集。果小，圆卵形。花期为 6～9 月，果期为 9～11 月。冷水草虽无出色花朵，但鲜明的白绿色叶片"全年无休"，是非常"称职"的常青观叶植物。

种养要点

日照

耐阴，怕阳光暴晒，夏日应适当遮阴或移至阴凉处。

温度

喜温暖，耐寒。其生长适温为15～25℃，冬季不可低于5℃。

土壤

无论是土壤或无土介质皆可适应良好，盆栽宜用腐叶土或泥炭土、园土加1/5左右的河沙或珍珠岩和少量腐熟饼肥混合配成的培养土。

浇水

浇水需掌握"见干见湿"的原则，切忌积水，若盆土长期泥泞，根须常发生腐烂，故应注意控制。

施肥

生长旺盛期每月施1次稀薄液肥，入秋后应减少施肥，冬季停止施肥。

修剪

当幼苗长到12～15厘米时可摘心，促使腋芽萌发，抽生更多侧枝。但摘心不宜过早或次数过多。栽培2～3年后，要将生长较高的老枝在早春萌芽前从基部剪去，促使抽生新枝。

换盆

每年换盆1次。换盆前，先在盆底以粗粒基质或者陶粒作滤水层，其上撒一层充分腐熟的有机肥料作为基肥，再盖一层基质，然后放入植株，注意将肥料与根系分开，避免烧根，之后浇透水，放置阴凉处养护。

繁殖

主要通过扦插法繁殖。春、夏、秋三季皆可进行，首先要注意选好扦插基质，接着可剪下顶芽带2节的枝条，去除最下节的叶子，若叶片较大可剪去1/2，扦插于湿润的基质中。

病虫害防治

在通风不良的情况下，冷水草容易遭蚜虫危害，此时要转移至良好的通风环境中放置，严重时可在叶面上喷洒合适比例的蚜螨净药剂。

健康应用

观赏

冷水草外型鲜绿晶莹，叶面光滑且有光泽，柔软下垂，是很好的吊钵植物，适合悬挂在阳台屋檐下或室内靠窗的光线明亮处。冷水草属于容易照顾，病虫害不多的观叶植物，非常适合没有太多经验的新手种植。

环保

研究表明，冷水草吸收二氧化碳的能力比一般花卉高2.5倍，并且还能消除室内装修使用的建筑材料和家具油漆散发的有害气体，迅速净化居室空气。

药用

冷水草不仅能净化居室空气，全草还有清热、解毒、利湿、安胎的功效。用它煎汤、浸酒或捣敷还可清热利湿、消肿散结、健脾胃。

鹅掌柴

常用别名： 鸭脚木、鸭母树。

花　　语： 自然、和谐。

生 长 地： 原产于澳大利亚、新几内亚及太平洋的一些岛屿，我国主要分布在西藏、云南、广西、广东、浙江、福建和台湾等地。

适宜摆放地： 适宜布置客厅、书房及卧室，春、夏、秋还可放在庭院荫蔽处和阳台上观赏，也可孤植于庭院。

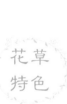

花草特色

　　鹅掌柴为常绿灌木或小乔木，枝较粗，初有星状毛，不久脱稀。叶片为椭圆形、长圆状椭圆形或倒卵状椭圆形的掌状复叶，深绿色，互生。花为圆锥花序，顶生，长 20 ~ 30 厘米。果实球形，黑色，直径约 5 毫米，有不太明显的棱。花期为 11 ~ 12 月，果期为 12 月，但在北方一般不开花亦不结果。

种养要点

日照

　　喜半阴，在明亮且通风良好的室内可较长时间观赏。但光照的强弱会影响叶片的颜色，光强时叶色趋浅，半阴时叶色浓绿。在明亮的光照下斑叶种的鹅掌柴色彩会更加鲜艳。

温度

　　喜温暖，生长适温 15 ~ 25℃，冬季最低温度不低于 5℃，若低于 0℃，植株受冻，会出现落叶现象。在 30℃以上的高温气候下仍能正常生长。

土壤

　　土壤以肥沃、疏松和排水良好的沙质土壤为宜，稍耐瘠薄。盆土可用泥炭土、腐叶土、珍珠岩加少量基肥配制，亦可用细沙土。

浇水

在空气湿度高、土壤水分充足的环境下生长良好，注意盆土既不能缺水，也不能积水，否则会引起叶片大量脱落。

施肥

在 5 ~ 9 月这段时间内，每月施 2 次液肥。冬季低温条件下应控肥。

修剪

平时需经常整形修剪，对过高的植株可适当修剪，以促进新梢萌发。

换盆

每年春季应换 1 次盆，如使用塑料等不透气容器则要注意排水。多年的老株在室内栽培显得过于庞大时，可结合换盆重新修剪，去掉大部分枝条，同时把根部切去一部分，重新栽种。

繁殖

扦插繁殖一般在 4 ~ 9 月进行。剪取一年生植株的顶端枝条，长 8 ~ 10 厘米，去掉下部叶片，插于沙床，保持盆土湿润，室温在 25℃左右，插后 30 ~ 40 天可生根。

病虫害防治

若发生叶斑病和炭疽病，可用 10% 抗菌剂 401 醋酸溶液 1000 倍液喷洒叶面，并剪除受害叶面。若有介壳虫危害植株，可刮拭或擦拭，或用 40% 氧乐果乳油 1000 倍液喷杀。另外，红蜘蛛、蓟马和潜叶蛾等危害叶片时，可用 10% 二氯苯醚菊酯乳油 3000 倍液喷杀。

健康应用

观赏

鹅掌柴株型丰满优美，叶片造型奇特、四季常青，且适应能力强，放在室内可增添阵阵绿意，让平乏的室内空间生机勃勃，是非常优良的室内观叶植物。

环保

鹅掌柴的叶片可以从烟雾弥漫的空气中吸收尼古丁和其他有害物质，并通过光合作用将之转换为无害的植物自有的物质。所以，若将鹅掌柴摆放在客厅内或是办公室里能减轻不少吸烟带来的烦忧。另外，它每小时能把甲醛浓度降低大约 9 毫克。

药用

鹅掌柴的叶和树皮可入药，有活血祛淤、清热的功效，可治风湿、跌打、烧伤。

第三章

观赏与食用兼具的花卉

薰衣草

常 用 别 名： 香水植物、灵香草、香草、黄香草。

花　　　语： 等待爱情。

生 长 地： 原产于南欧，尤其是地中海沿岸的南欧各国，现已遍布世界各地。我国河北、山东（青岛较多）、江苏、浙江等地园林绿化也多有培育。

适宜摆放地： 既可种植于庭院，也可盆栽观赏。适合放在家中或办公室日照充足的窗台、阳台上，因其香气浓郁，最好不要摆放在卧室内。

花草特色

　　薰衣草为多年生草本或小矮灌木，丛生，一般以直立生长较为多见，叶缘反卷，花呈穗状花序，多为紫蓝色，花期为 6 ~ 8 月。

　　全株有略带木头甜味的清淡香气，尽管也有人觉得薰衣草的气味不好闻，但对于更多的人来讲，这种香味清新优雅、温和舒缓。在全世界，薰衣草的香味是被认为最具有镇静、舒缓、催眠作用的独特之香。精神紧张、精力不济的人，闻一闻薰衣草的香味，也会有所改善。甚至对紧张备考的学子而言，它也能够起到提神醒脑、增强记忆的作用。

Tips

　　品质最佳的薰衣草产地为法国南部的小镇普罗旺斯，那里也因此吸引了全世界的游客前往，一饱薰衣草的迷人风采。我国以新疆伊犁地区栽种的薰衣草最为有名，有"中国的普罗旺斯"之称。

要享受薰衣草的香，除了在房间里放上一盆盛开的薰衣草，也可以将干燥的花朵做成香包，挂在衣柜里历久弥新。

薰衣草的紫色具有独特的浪漫情调，就像浓郁的紫色里冲入醇厚牛奶的感觉，与其他的紫色都有所不同，因此有了"薰衣草紫"这一美称。其重要产地普罗旺斯，也因此成为情侣们向往的浪漫之都。但其实，除了"薰衣草紫"，薰衣草也有蓝、深紫、粉红、白等色。

健康应用

薰衣草杀菌香包

[材料及工具]

薰衣草花蕾 5 ~ 10 克，布料 1 小块，卡片纸 1 小块，花边剪刀、针线包、纸漏斗、汤匙。

[制法与用法]

1. 首先根据自己的喜好将卡片纸剪裁成一定的形状，如心形、圆形，然后按照剪好的卡片做模子用花边剪刀剪裁两块布料。

2. 接着用针线将两块布料缝在一起，留 1 个小口放进薰衣草花蕾，放时套上纸漏斗，用汤匙慢慢放入。

3. 最后将香包口用针线缝上，薰衣草香包就做好了。注意薰衣草香包的花蕾一定要是干燥的，否则会发霉。

[健康功效]

薰衣草香包放在室内，能够杀菌，芳香味能够调节室内的空气质量，增添生活浪漫温馨的情调；放在枕边，能够抚平情绪、缓解压力和身体的疲倦、提高人体的睡眠质量；放在包内，能够起到干燥和增添包包香味的效果；放在衣橱里能够防虫防蛀。

[健康延伸]

薰衣草香包放在开水中进行足浴，能够起到促进血液循环，促进睡眠、缓解疲劳的作用。

种养要点

日照 喜充足阳光，适合生长于阳光充足的环境，半日照亦可生长，但开花较稀少。

温度 喜冬暖夏凉，生长适温为 15 ~ 25 ℃，气温长期高于 38℃，顶部茎叶枯黄。北方冬季长期在 0℃以下即开始休眠，休眠时成苗可耐 -25 ~ -20℃ 的低温。

土壤 适宜生长于微碱性或中性、排水良好的沙质土中。盆栽土可用 1/3 的珍珠岩、1/3 的蛭石、1/3 的泥炭土混合。

浇水 上盆浇透水后，应待土壤干燥时再浇水，以表面培养介质干燥、内部湿润为度，叶子轻微萎蔫为主。以后浇水要掌握"见干见湿"的原则，浇水宜选在早上，避开阳光，水不要溅在叶子及花上，否则易腐烂且滋生病虫害。

施肥 可将骨粉放在盆土内当作基肥，生长期施淡肥。

修剪 栽培初期，一些小花序不妨以大剪刀整个理平，可使植株低矮，促使多分枝、开花，增加收获量。修剪宜在春天，注意不要剪到木质化的部分，以免植株衰弱死亡。

换盆 薰衣草度过生长旺盛的夏季到了秋季，太大的植株可于此时换盆，盆的直径比原来的大 2 ~ 3 厘米即可。不要一下换得太大，以免积水。换盆时先浇透水，然后带土将整个植株移出，可以适当修剪老根。新盆下面垫一层防水层，然后施基肥和新土。

繁殖 主要采用扦插和播种繁殖。播种期一般选春季，播种前应浸种再播种。薰衣草的种子出苗率不高。扦插一般在春、秋季进行，选取节距短、粗壮且未抽穗的一年生半木质化枝条顶芽，于顶端 8 ~ 10 厘米处截取插穗。

病虫害防治 在高温和积水环境下根腐病发病率最高。夏天应注意防暑降温及减少盆土积水。

薰衣草与精油

其气味芬芳、宁人心神。用其提炼的薰衣草精油是疗效种类最多的精油，温和不刺激，老少皆宜，常用于舒缓压力、头痛及失眠。

健康"食用主义"

薰衣草助眠茶

[材料]

甘草2片，枸杞3粒，薰衣草花（干品）3片，柠檬皮半片。

[制法与用法]

1. 将薰衣草、甘草、枸杞置于冲茶壶内，冲入热开水。

2. 数分钟后加入适量切丝柠檬皮用调匙充分搅拌均匀即可饮用。

[健康功效]

薰衣草茶有助镇静神经、帮助睡眠，解除紧张焦虑，可治疗初期感冒咳嗽，安定消化系统，亦可逐渐改善头痛症状，是治疗偏头痛的理想花茶。

[健康延伸]

此茶既可饮用，也可沐浴时使用，还可放置于衣橱内代替樟脑丸。

茉莉

常用别名： 香魂、莫利花、没丽、没利、抹厉、末莉、末利、木梨花。

花　　语： 清纯、贞洁、质朴、玲珑。

生 长 地： 亚热带地区，主要分布于中国、印度、沙特阿拉伯、伊朗、埃及以及西班牙等地中海沿岸地区。

适宜摆放地： 茉莉是最常见的芳香性盆栽花木，适合放在阳光充足的地方，如阳台、窗台，不可长时间放在室内。

花草特色

茉莉为常绿小灌木或藤本状灌木。其大多数品种的花期在 6 ～ 10 月，由初夏至晚秋开花不绝，落叶型的冬天开花，花期 11 月至第二年 3 月。

Tips

茉莉花能够提取茉莉油，是制造香精的原料。茉莉花还可用于熏制茶叶，或蒸取汁液，是一种应用广泛的香料。

种养要点

日照 喜阳光充足，需放在温暖、湿润以及阳光充足的环境下养护，也可放置在半阴环境中一段时间。

土壤 适宜生长在有大量腐殖质的微酸性沙质土壤中。可用腐叶土、细沙、园土各一份混匀配制营养土。

温度　对温度较敏感，能适应高温，不耐低温，抗寒力差。生长适温为 25～35℃，在 10℃以下生长极缓慢，甚至停止生长。超过 37℃花虽能开放，但常发生闷黄现象，香气差。

浇水　春季可 2～3 天浇 1 次水，中午前后浇。盛夏每天早、晚浇水，盆内勿积水。冬季休眠期，要控制浇水量，如盆土过湿，会引起烂根或落叶。

施肥　生长期间需每周施稀薄饼肥 1 次。6～9 月开花期要勤施，最好每 2～3 天施 1 次，以含磷的液肥为主。

修剪　在春季发芽前可将枝条适当剪短，保留基部 10～15 厘米。春季换盆后，要注意摘心整形，花谢后应及时剪去残败花枝，以促使基部萌发新枝。

繁殖　采用压条繁殖，需选用较长的枝条，埋入盛沙泥的小盆，20～30 天开始生根。

换盆　一般每年应换盆土 1 次。换盆时，可以将茉莉根系周围部分旧土和残根去掉，换上新的培养土，换后浇透水，放置阴凉处养护。

病虫害防治　主要虫害有卷叶蛾和红蜘蛛，危害顶梢嫩叶。除可人工刮除外，还可用药水喷杀。

健康"食用主义"

茉莉花营养豆浆

[材料]

　　黄豆 25 克、鹰嘴豆 25 克、茉莉花 15 克、冰糖 50 克、开水 450 毫升。

[制法与用法]

　　1. 黄豆、鹰嘴豆提前 8 小时浸泡，洗净沥去水分，干茉莉花、冰糖备好。

　　2. 茉莉花用清水洗去表面杂质，加入 450 毫升开水冲泡成花汁。

　　3. 将泡发好的黄豆、鹰嘴豆、茉莉花汁和冰糖放入豆浆机杯体。

　　4. 启动豆浆机打成豆浆。用筛网滤豆渣，倒入碗中即可。

[健康功效]

　　常饮此豆浆不仅有补益营养之效，还可改善昏睡及焦虑现象，使人延年益寿、身心健康。

[健康延伸]

　　茉莉花也可做香包，具体方法同薰衣草，有提神解抑、安定神经、滋润肌肤的功效。

玫瑰

常用别名： 刺玫花、徘徊花、刺客、穿心玫瑰。

花　　语： 爱情，爱与美，容光焕发，勇敢。

生　长　地： 原产我国，现我国华北、西北和西南及日本、朝鲜、墨西哥、印度等地广有栽培。

适宜摆放地： 可做盆景摆放于客厅、阳台、窗台等地。玫瑰作为爱情的象征，有催桃花的寓意，但并不适合放在卧室。

花草特色

玫瑰是"情人节"当仁不让的主角，为落叶直立灌木，枝秆多刺。5～7月开花，有紫红色、白色、黄色等，气味芳香。花除可泡茶及提取玫瑰油外，还用来泡水沐浴，能护肤养颜，是天然美容护肤佳品。其秆、花蕾、根均可入药，果实富含维生素可作天然饮料等食品。

Tips

玫瑰容易生蚜虫和霉菌。可以在玫瑰植株之间种上大蒜，蒜味有助于赶走蚜虫，这个方法也可以用来防止玫瑰植株受到霉菌的侵染。

种养要点

日照 喜阳光，适宜在阳光充足的环境中生长，每天要接受4小时以上的直射阳光，不能在室内光线不足的地方长期摆放。

温度 喜凉爽，生长最适温度为 15 ~ 25℃，温度太高，较不适合玫瑰的生长。

土壤 对土壤要求不严，适宜排水良好、疏松、较肥沃的沙质土壤或轻土壤，在黏性土壤中则生长不良，开花不佳。盆栽用腐叶土与菜园土混合再加少量沙土即可。

浇水 耐旱，炎热夏天需每天浇水，平时见盆土干即浇透水。

施肥 喜肥，入盆后应每隔 10 天施 1 次腐熟的有机液肥，花蕾形成期应施些含磷、钾的液肥。冬季休眠期无需施肥。

修剪 早春发芽前每株留 4 ~ 5 条枝条，每枝留 1 ~ 2 个侧枝，每个侧枝上留 2 个芽短截。花谢后及时剪除残花和疏除病枝，以促发新枝。

繁殖 可采用扦插法，一般于春、秋两季均可进行，亦可于 12 月份结合冬季修剪植株时进行冬插。

换盆 盆栽玫瑰应每两年换盆 1 次，新盆比旧盆大 6 ~ 7 厘米，换盆时应除去 1/3~1/2 的旧土，并去除部分缠绕的根系，盆底施足基肥，换好后浇透水。

病虫害防治 玫瑰容易生蚜虫，可人工刮除，也可选择喷洒防治蚜虫的农药。在气温较高、湿度较大的季节，玫瑰容易掉叶子，掉下来的叶子上可以看到黑色斑块，这就是感染了霉菌。霉菌对于蔷薇科植物来说是个令人头疼的问题，应以预防为主，平时注意通风，不偏施过施氮肥。

健康"食用主义"

玫瑰养颜花茶

[材料]

玫瑰花（干）5～7朵，红枣3颗，绿茶适量，开水200毫升。

[制法与用法]

1. 玫瑰花，配上嫩尖的绿茶、去核的红枣，加入开水泡茶喝。

2. 制作玫瑰花茶不宜用温度太高的水来冲泡，一般用放置了一会儿的开水冲泡比较好。每天1次。

[健康功效]

玫瑰花茶有清热解毒、美容养颜、调经活络、软化血管、促进血液循环、调经利尿、消除疲劳的功效，对于心脑血管病、高血压病、心脏病及妇科疾病也有显著疗效。

[健康延伸]

玫瑰花也可做香包，具体方法同薰衣草，可吸汗、防痱。

玫瑰调经粥

[材料]

白米100克，玫瑰花（鲜品）1朵，鸡汤8杯，蜂蜜适量，清水适量。

[制法与用法]

1. 白米洗净沥干，玫瑰花洗净剥瓣备用。

2. 鸡汤加热煮沸，放入白米续煮至滚时稍微搅拌，改中小火熬煮30分钟，加入玫瑰花瓣续煮3分钟即可。

3. 碗内加入蜂蜜，加入滚烫的稠粥拌匀即可食用。

[健康功效]

此款玫瑰花粥，具有调经、促进血液循环、预防便秘之功效，进而还能使肌肤光滑有弹性，是女性最佳的天然养颜保养品之一。而蜂蜜遇热，会使蛋白质等营养素转化成蛋白酶，可使肠胃急速蠕动而减少过度吸收，有助于减肥。

金盏菊

常用别名： 金盏花、黄金盏、长生菊、醒酒花、常春花。

花　　语： 悲伤嫉妒，离别之痛。

生　长　地： 原产于欧洲南部、地中海沿岸，现世界各地都有栽培。

适宜摆放地： 放于阳光充足的阳台或窗台为好。也可以成片栽植于室外，有绚烂迷人的效果，是城市园林植物的重要成员。

花草特色

　　金盏菊为二年生草本，全株被白色茸毛。植株矮生，花朵密集，花色鲜艳夺目，花期长，花色有淡黄、橙红、黄色等。在古代西方多作为药用或染料，也可以作为化妆品或食用，其叶和花瓣可以食用。

　　金盏菊不耐强光，如果长期受到日光直射，会出现叶片明显变小、枝节距离缩小、底部的叶片逐渐变黄脱落等现象。

种养要点

日照 喜光照，适宜生长在阳光充足的环境下。光照不足，基部叶片容易发黄，根部甚至腐烂死亡。

温度 喜冷凉，最适生长温度为 7 ~ 20℃，幼苗冬季能耐 –9℃ 低温，成年植株以 0℃ 为宜。温度过低需加盖塑料膜保护，否则叶片易受冻害。冬季气温 10℃ 以上，易发生徒长。

土壤　适宜于疏松肥沃、排水良好、pH 为 6 ~ 7 的土壤中生长，且耐瘠薄和干旱。

浇水　以稍湿润为好，生长期间应保持盆土湿润，夏季高温期往往进入休眠状态，对浇水要求不多，甚至不浇水。

施肥　遵循"淡肥勤施、量少次多、营养齐全"的施肥原则，应施足基肥，生长期每 15 ~ 30 天施 10 倍的腐熟有机液肥 1 次，夏季应控肥。

换盆　无需换盆。

繁殖　以播种繁殖为主，常在秋季播种。北方一般在 9 月下旬至 10 月初进行。播后覆土 3 毫米，7 ~ 10 天发芽。长江流域也可春播，一般在 2 ~ 3 月进行。

修剪　每 2 个月剪掉 1 次带有老叶和黄叶的枝条，花期过后将凋谢花朵剪除。

病虫害防治　常发生枯萎病和霜霉病，可用 65% 代森锌可湿性粉剂 500 倍液喷洒防治。早春花期易遭受蚜虫危害，可人工刮除，也可用 40% 氧乐果乳油 1000 倍液喷杀。

Tips

　　金盏菊的标志色彩是金黄色，其实还有红色甚至绿色的品种，只是不那么常见。金盏菊还有单瓣和复瓣之分。

　　金盏菊精油是一种重要的芳疗原料，在中世纪的欧洲被用于治疗外伤、对抗瘟疫和黑死病等。现代研究表明，金盏菊精油具有抗菌消炎的功效，可用于治疗晒伤、青春痘、湿疹等。

健康"食用主义"

金盏菊清热茶

[材料]

金盏菊花瓣(干品)1大匙,蜂蜜或冰糖适量,开水200毫升。

[制法与用法]

1.金盏菊花瓣中加入滚烫开水200毫升。

2.闷3~5分钟,可加入蜂蜜或冰糖调味。金盏菊适合单泡,也可以搭配绿茶一起冲泡。每天1次。

[健康功效]

金盏菊具有清热解毒、镇痛、促进消化的功效,对消化系统溃疡的患者极适合。感冒时饮用金盏菊茶,有助于退烧,而且清凉降火气。

金盏菊润肤粥

[材料]

金盏菊花瓣(干品)5朵,燕窝3克,枸杞8颗,冰糖适量,清水适量。

[制法与用法]

1.将燕窝提前泡发,清洗干净。

2.将所有材料放入锅中,用适量清水同煮,粥黏稠后即可食用。

[健康功效]

此粥可镇定肌肤,改善敏感性肤质,对于干燥的肌肤也有很强的滋润效果。

杭白菊

常用别名： 杭菊、纽扣菊、甘菊、茶菊、药菊。

花　　语： 高尚。

生 长 地： 杭白菊的特征是"花瓣洁白如玉、花蕊黄如纯金"，但并非纯白色。原产于我国，是浙江桐乡一带的特产，在我国中部、东部、西南均可栽培。

适宜摆放地： 可放置于庭院花坛内，也可点缀窗台、阳台。

花草特色

　　杭白菊为多年生宿根草本，有大洋菊与小洋菊之分。小洋菊，植株茎梗较细，腋芽带紫色；发枝分叉力强，为匍匐型生长，适应性强，叶片较小，微带紫色；花蕾多、花型小，花瓣短而厚实，色泽洁白，蒸青晒干后呈玉色，花香浓郁，冲泡后味甜润爽口，质地优异。大洋菊，株型直立，茎干粗，分枝少，植株嫩茎带紫色；花型大，花色洁白，花瓣薄，蒸青后易晒干，成品花冲泡后香气较平和，总体品质略低于小洋菊。

种养要点

日照 喜阳光充足的环境，光照不足则开花不良。

温度 喜凉爽，较耐寒，其生长适温为 18 ～ 21℃。16℃以上生长较快，16℃以下生长缓慢，多数品种不能形成花芽。

土壤 适宜生长于疏松、肥沃、湿润的土壤或沙质土壤。在微酸性至微碱性土壤中均能生长，但以pH6.2 ～ 6.7最好。

浇水　平时注意经常保持盆土湿润，切忌长期过湿，造成烂根，影响生长发育。

施肥　喜肥，生长期内每半个月施 1 次磷、钾肥，少施氮肥。

修剪　生长期间适当摘心可促进分枝和菊枝间生长的平衡，防止倒伏。

换盆　每 2 ~ 4 年换盆 1 次，根据株型换大一号的盆。还可结合换盆进行分株，注意换盆后浇透水。

繁殖　以扦插繁殖为主，宜在 4 ~ 6 月进行，扦插后保持盆土湿润，半个月左右可成活。

病虫害防治　病害以叶枯病为主，发病时间为 6 ~ 9 月，可用 50% 多菌灵 500 倍液或 5% 井冈霉素 100 倍液防治。虫害主要有蚜虫。视蚜虫发生情况，轻则可人工刮除，重则需用 10% 吡虫啉 1000 ~ 1500 倍液喷洒。

健康"食用主义"

白菊瘦身茶

[材料]

白菊花（干品）4 ~ 5 朵，甘草、枸杞、冰糖适量，开水 200 毫升。

[制法与用法]

1. 杯中放入白菊花，再冲入沸水泡 2 ~ 3 分钟，加入冰糖、甘草、枸杞或普通茶叶饮用。

2. 喝至剩下 1/3 茶汤，再加开水冲泡，这样前后茶汤浓度较均匀。

[健康功效]

常喝此茶可清热解毒、瘦身美容，具有止痢、消炎、明目、降压、降脂、强身等功效。

白菊爽身浴液

[材料]

白菊花（干品）适量。

[制法与用法]

将适量白菊撒入温热的洗澡水中，待其充分泡发后可全身沐浴。

[健康功效]

以白菊汤沐浴，有去痒爽身、护肤美容的功效。

金莲花

常用别名：旱荷、旱莲花、陆地莲、
旱地莲、金梅草、金疙瘩。

花　　　语：孤寂之美。

生　长　地：原产于南美，我国各地
均可栽培。

适宜摆放地：可放置于阳光充足的庭
院花坛。还可吊篮盆栽，
置于室内；也可构成窗
景，窗箱栽培或盆栽置
于书橱、高几架上都能
使满室生辉。另外也可
用细竹做支架造型任其
攀附。

花草特色

　　金莲花为一年生或多年生直
立高大草本植物。叶片五角形，
基部心形，三全裂，全裂片分开，
中央全裂片菱形，边缘密生稍不
相等的三角形锐锯齿，茎柔软攀
附。花夏季开放，花形近似喇叭，
萼筒细长，常见黄、橙、红色。
有变种矮金莲，株型紧密低矮，
极适宜盆栽观赏，花期 2 ~ 5 月。
金莲花可以用来泡茶饮用，具有
杀菌降火的功效。

种养要点

日照　喜阳光充足的环境，春、秋、冬
三季需充足光照，夏季盆栽适当
遮阴，忌烈日暴晒。

温度　喜温暖，最适生长温度为
18 ~ 24℃，冬季温度不低于
10℃。夏季高温时，开花减少，
冬季温度过低，易受冻害，甚至
整株死亡。

土壤　适宜生长于肥沃、排水良好、富
含有机质的沙质土壤中。盆栽宜
用腐叶土 7 份、园土 3 份混合，
并加入适量饼肥或其他有机肥作
基肥。

浇水　喜湿怕涝。生长期需充足水分，并保持较高的空气湿度。勿使盆土过干或过湿，如过干叶片易发黄，过湿积水则易烂根。

施肥　苗期要注意多施磷、钾肥，花蕾期要勤施薄肥。每次打顶之后都要适当施磷、钾肥，以促进新梢开花繁茂。

修剪　入盆后需进行多次打顶处理，防止植株徒长。平时应及时剪除干燥的茎、叶及开谢的花，以利于通风透气，减少养分消耗，也使其保持优美的形态。

换盆　每年换盆 1 次。换盆后浇 1 次透水，转阴凉处养护，以后松土时适时补水，保持盆土湿润即止，不可积水。

繁殖　以播种繁殖为主。春秋都可播种，选取饱满、干燥的种子，浸于 20～30℃的温水中，1～2 小时后取出播种于盆土中，浇适量水即可。在夏初选取健壮充实的茎，剪取插穗长度 10～15 厘米，插在透水透气性良好的沙土或珍珠岩中，15 天左右生根。

病虫害防治　盆栽病虫害较少，主要虫害有蛴螬、蝼蛄，应定期检查，及时发现及时捕捉，严重时可喷药治疗。

健康"食用主义"

金莲提神花茶

[材料]

金莲花瓣（干品）1 匙，开水 200 毫升。

[制法与用法]

1. 将金莲花瓣用滚烫开水冲泡，闷约 10 分钟后即可。

2. 也可酌加红糖或蜂蜜饮用。每日 1 次。

[健康功效]

金莲花茶具有清热解毒、养肝明目和提神的功效。饮用金莲花茶对于治疗呼吸道炎症，比如口腔炎、咽炎、扁桃体炎都有一定的功效。常饮可扩大肺活量，增强人体摄氧能力，抗疲劳。

Tips

夏季金盏花盛开时采收，晾干。其不仅可以作为香包的重要原料，还可煎汤内服，也可捣烂外敷，可治上感、扁桃体炎、咽炎、急性中耳炎、急性鼓膜炎、急性结膜炎、急性淋巴管炎、口疮、疔疮。

凌霄

常用别名： 紫葳、女藏花、五爪龙、红花倒水莲、藤罗花。

花　　语： 敬佩和声誉，慈母之爱。

生 长 地： 原产于我国华东、华中、华南等地，日本、越南、印度、巴基斯坦均有栽培。

适宜摆放地： 适合种植在围墙上。盆栽可置于开放式阳台上，用绳牵拉引其向上攀缘，也可让部分茎蔓自然下垂，上下连成一片，还可以制成树桩式或悬崖式盆景，置于阳台上或高架上。

花草特色

凌霄为藤本植物，为连云港市的市花。其品种只有中国凌霄和美国凌霄两种。茎为木质，表皮脱落，枯褐色，叶对生，为奇数羽状复叶，卵形。顶生疏散的短圆锥花序，花萼钟状，所以又称为"倒挂金钟"。花冠内面鲜红色，外面橙黄色，花期5～8月。

种养要点

日照 喜充足阳光，也耐半阴，但不适宜暴晒或在无阳光的环境中生长。

温度 喜温暖，较耐寒。最适生长温度为20～25℃，14℃以上生长良好，北方冬季最好室内越冬。

土壤 适宜生长于排水良好、疏松肥沃的土壤中，较耐水湿、耐旱、耐瘠薄，并有一定的耐盐碱能力，忌酸性土。

浇水　忌积涝、湿热。生长期要注意浇水，经常保持盆土湿润，特别是夏季要多浇水，但不能积水和土壤长期过湿。

施肥　不喜欢大肥，平时注意薄肥多施，施肥过多易影响开花。但开花之前需要施一些复合肥，并注意浇水。

修剪　每年发芽前可进行适当疏剪，萌出的新枝只保留上部 3 ~ 5 个，下部的全部剪去，使其成伞形。每年需要冬剪，疏除过干枯枝。

换盆　每两年换盆土 1 次，注意只换掉 1/3 的土，施足基肥，浇透水，放于荫蔽处养护。

繁殖　扦插可在春季进行。截取较坚实粗壮的枝条，长 10 ~ 16 厘米，扦插于培养土上，用塑料纸覆盖，以保持足够的温度和湿度。一般温度在 23 ~ 28℃，插后 20 天即可生根。

病虫害防治　病虫害少，主要有灰斑病、霜天蛾、粉虱、介壳虫、蚜虫等。白粉病可喷洒三唑酮或退菌特等药剂。蚜虫等虫害可用人工刮除，严重时可喷施药液。

健康"食用主义"

凌霄祛瘀花茶

[材料]

凌霄花瓣（干品）1 小匙，开水 200 毫升。

[制法与用法]

1. 取凌霄花瓣，用滚烫开水冲泡。

2. 闷约 10 分钟，晾至温热后可酌加红糖或蜂蜜饮用，每天 1 次。

[健康功效]

凌霄花茶具有行血祛瘀、凉血祛风之功能，可用于月经不调、风疹发红、皮肤瘙痒、痤疮等症状。但需注意的是，凌霄花作为一般饮品时，不适宜搭配其他花茶。

凌霄止痒敷

[材料]

凌霄花（干品）9 克，雄黄 9 克，白矾 9 克，黄连 10 克，羊蹄根 10 克，天南星 10 克。

[制法与用法]

1. 将上述材料研细末，用水调匀外擦患处，每日 3 次。

2. 若内服，取凌霄花 3 ~ 10 克，水煎服。

[健康功效]

凌霄花外用，可治疗皮肤湿疹。

桃花

常用别名：玄都花。

花　　语：爱情的俘虏。

生 长 地：原产于中国中部、北部，现已在世界温带国家及地区广泛种植。观赏性桃花是果树桃树的栽培变种，一般开花后不结果，即使结果也不能食用。

适宜摆放地：可点缀庭院、阳台等处。

花草特色

　　我国自古以来就用桃花象征春天。阳春三月，春光明媚之时，桃花先叶绽放，盛开于枝头。桃花为落叶乔木，高可达 3～10 米，盆栽通常会矮小许多。小枝红褐色或褐绿色，平滑。花通常单生，有白、粉红、红等色。因品种不同，果熟 6～9 月。主要分果桃和花桃两大类。变种有深红、绯红、纯白及红白混色等花色变化以及复瓣和重瓣种。

种养要点

日照　喜阳光，适宜生长在阳光充足的环境下。

温度　较耐寒，最适生长温度为 19～22℃。一般品种在 -25～-22℃时可能发生冻害。

土壤　对土壤酸碱度要求不高，适宜生长于肥沃、排水良好、耐旱的土壤中。不耐碱土，亦不喜土质过于黏重。

浇水　不干不浇，浇时要适量，防止盆土积水造成烂根。

施肥　秋季时最好追加些骨粉。一般每年冬季施基肥1次，花前和6月前后各追肥1次，以促开花和花芽形成。

修剪　幼桃树以养成桃冠为主，开花后及时进行修剪，对开过花的枝条，只保留基部两三个芽，其余剪除。夏季对生长过旺的枝条进行摘心，促使花芽形成。对于长势不大好的植株，应避免修剪过多。

换盆　每年春天换1次盆土。根上留土，换盆后浇透水，放阴凉处养护半月左右再转为正常管理。

繁殖　繁殖以嫁接为主，多用切接或盾形芽接。砧木华东地区多用毛桃（桃之半栽培类型），北方则用山桃。

病虫害防治　桃花易发缩叶病，可在病初起时每半月用波尔多液刷涂树干防治。蚜虫、刺蛾、天牛等虫害可人工捕捉或喷药杀除。

健康"食用主义"

桃花祛斑茶

[材料]

桃花（干品）4克，冬瓜仁5克，白杨树皮3克，水适量，蜂蜜少许。

[制法与用法]

1. 取桃花、冬瓜仁、白杨树皮置于水杯中。

2. 沸水冲泡，加盖，10分钟后可饮。

3. 也可加入蜂蜜适量。反复冲泡3~4次，当茶水饮用，每日1次。注意不要空腹喝。

[健康功效]

桃花有疏通脉络、润泽肌肤、利水活血、通便的功效，常喝此茶可改善血液循环，适用于有面部黑斑、老年斑者，以及日照较强地区的皮肤较黑者。孕妇及月经量过多者忌服。

Tips

近年来，桃花的美容功效也受到重视。将含苞待放的桃花和冬瓜子放在一起，捣烂成泥，与蜂蜜调和后用来敷脸，可使面色红润，皮肤润泽光洁、富有弹性。

迎春花

常用别名： 小黄花、金腰带、串串。

花　　　语： 相爱到永远。

生　长　地： 原产中国华南和西南的亚热带地区，南方栽培极为普遍，华北地区以及安徽、河南均可生长。

适宜摆放地： 植株高大，通常在室外栽培。室内盆栽宜放置于阳光充足、空气湿润的场所，作为盆景则旁边最好有蓄水池或鱼缸。

花草特色

迎春花为落叶灌木，因其在百花之中开花最早，花后即迎来百花齐放的春天而得名，与梅花、水仙和山茶花并称为"雪中四友"。迎春花枝条细长，呈拱形下垂生长，长可达 2 米以上。侧枝健壮，四棱形，绿色。小叶卵状椭圆形，表面光滑。花单生于叶腋间，花冠高脚杯状，鲜黄色。花期为 3 ~ 5 月，可持续 50 天之久。

种养要点

日照 喜光，稍耐阴。在夏季烈日炎炎、出现高温时，应将它移至半阴处，更有利其生长。

温度 喜温暖，较耐寒。最适生长温度为 12 ~ 16℃。开花后室温宜控制在 15℃ 以下，可保持较长花期。

土壤　对土壤要求不严，在微酸、中性、微碱性土壤中都能生长，但在疏松肥沃的沙质土壤中生长最好。

浇水　喜湿润，尤其是在炎热的夏季，除每日上午浇 1 次水外，在下午还应适当浇水。为保持小环境湿度，应经常向叶面及周围空气喷水。冬季气温低，水分蒸发少，应少浇水。

施肥　应在盆钵底部放几块动物蹄片或豆饼屑作基肥。生长期应每月施 1 ~ 2 次腐熟稀薄的液肥。

修剪　在生长期要经常摘心，剪除或剪短病残枝、徒长枝，保持树形。花凋后应将枝条剪短，一般仅留 2 ~ 3 个芽，主枝可适当多留几个芽。

繁殖　常用扦插法繁殖，春、夏、秋三季均可进行。剪取半木质化的枝条 12 ~ 15 厘米长，插入沙土中，保持湿润，约 15 天可生根。

换盆　一般每隔 2 年换盆 1 次，时间宜在春季或秋季落叶后。换盆时可结合修剪根系，剪去枯根及过长的根，以利须根的发育。

病虫害防治　常见病虫害为叶斑病和枯枝病，应及时剪去病枝，病情严重时可用 50% 退菌特可湿性粉剂 1500 倍液喷洒。虫害主要有蚜虫和大蓑蛾。

健康"食用主义"

迎春花驱寒茶

[材料]

迎春花(干品)5克,茉莉花茶5克,胖大海 1 粒,冰糖适量。

[制法与用法]

1.取以上材料用滚烫开水冲泡。

2.数分钟后代茶饮，每日 1 次。

[健康功效]

此茶发汗、利尿,适用于风寒感冒。

Tips

迎春的花、叶均可治肿毒恶疮、跌打损伤、创伤出血。既可煎汤内服，也可研末调敷外用，效果明显。

玉兰

常用别名：林兰、桂兰、杜兰、木莲、木笔。

花　　语：报恩。

生 长 地：原产于我国长江流域，现河北及黄河流域以南均有栽培。

适宜摆放地：植株高大，难以室内栽培，适合庭院栽培，且喜欢向阳的庭院。日照长、光照强的阳台也可以栽培。剪下的枝条适合摆放在包括卧房在内的室内。

花草特色

玉兰为我国特有的名贵园林花木之一，古时多在亭、台、楼、阁前栽植，现多见于园林、厂矿中孤植、散植，或于道路两侧作行道树。北方也有作桩景盆栽。玉兰为落叶乔木，树高一般 2 ~ 5 米，高的可达 15 米。花白色至淡紫红色，大型、芳香，花冠杯状。先叶开放，花期 10 天左右。

种养要点

日照　喜光，如果光照条件不好，即使枝繁叶茂也会影响开花。

温度　较耐寒，最适生长温度为 20 ~ 30℃。能忍耐 -20℃的短时间低温，在华北地区一般也能露地越冬，但温度低于 -20℃时需采取防寒措施，对温度比较敏感，温度高可使开花时间提前。

土壤　喜肥沃、排水良好而带微酸性的沙质土壤，在弱碱性的土壤中亦可生长。

浇水　开花生长期宜保持土壤稍湿润，但盆土不可积水。入秋后应减少浇水，促使枝条成熟，以利越冬。冬季一般不浇水，只需在土壤过干时浇 1 次水。

施肥　忌大肥，生长期一般施 2 次肥即可有利于花芽分化和促进生长。一次是在早春时施，另一次是在 5 ~ 6 月进行。肥料多用充分腐熟的有机肥。新培育的幼苗可不必施肥，待落叶后或翌年春天再施肥。

修剪　枝干伤口愈合能力较差，故一般不需进行修剪。但为了树形的合理，对徒长枝、枯枝、病虫枝以及有碍树形美观的枝条，仍应在展叶初期剪除。此外，花谢后，如不留种，还应将残花和残果枝剪掉，以免消耗养分，影响来年开花。

换盆　玉兰根系深，久居盆中，容易长势衰弱，故花谢后应换盆，同时修理主根，下地培植，于花前更换新的盆土再上盆。

繁殖　自春至秋，整个生长期皆可进行嫁接繁殖，以 4 ~ 7 月为好。嫁接部位以距离地面 70 厘米处为宜。绑缚后裹上泥团，并用塑料袋包扎，经 60 天左右即可切离。

病虫害防治　盆栽病虫害较少，常见病虫害有炭疽病、叶斑病、蚱蝉、红蜡蚧、吹绵蚧、红蜘蛛等，一旦发现可购农药喷杀之。如发现有锯末屑虫粪，应寻找虫孔，用棉球蘸杀虫剂塞进虫孔，再用泥封口，即可熏杀。

Tips

玉兰花入药有两千多年的历史。中药辛夷即玉兰花花蕾的干品，具有祛风散寒、宣肺通鼻的功效，其所含的挥发油有抗过敏、降血压、镇痛等作用。玉兰花入馔，煮粥、煲汤、沏茶饮用均可，汤色清淡，香气优雅，可搭配茶叶或冰糖调味。

健康"食用主义"

玉兰止痛花茶

[材料]

玉兰花瓣（鲜品）适量，盐适量。

[制法与用法]

1.将玉兰花瓣用淡盐水洗净，然后用线穿起来，挂在晾晒架上晾晒至干。

2.每次喝之前，取3～5片晒好的花瓣置于水杯中，冲入开水，盖闷5～10分钟后，代茶频饮。

[健康功效]

玉兰花茶主治头风、头痛呈间歇反复发作，每于情绪紧张、工作劳累后发生或伴有血压升高，如高血压、血管痉挛性头痛、鼻渊，症见鼻塞、流浓涕、头痛均可饮用。

玉兰肉片

[材料]

玉兰花瓣(鲜品)5枚，猪肉100克，淀粉、食用油适量，糖醋汁或番茄汁少许。

[制法与用法]

1.玉兰花瓣剁碎，猪肉洗净，切片。

2.猪肉片裹上淀粉，放入少量剁碎的玉兰花瓣。

3.油锅烧热，然后将裹好的肉片下油锅炸熟，取出加入糖醋汁或番茄汁调味，吃起来清香可口。

[健康功效]

玉兰花具有祛风散寒、通窍、宣肺的功效，常食可起到预防和缓解作用。

兰花

常用别名：胡姬花、国兰。

花　　语：美好、高洁、贤德。

生 长 地：我国除了华北、东北和西北的宁夏、青海、新疆之外，各个省区都广布不同种类的兰属植物。

适宜摆放地：阳台、窗台、案头均可，开花时期最好不要摆放在卧室内。兰花属于吉利之物，特别适合摆放在客厅、办公室等场所。

花草特色

兰花是中国传统名花，为多年生草本植物。兰花叶态飘逸、四季常青，花色淡雅、幽香四溢，有谦谦君子之风，自古就受到文人雅士的钟爱。孔子说："芝兰生于深林，不以无人而不芳。君子修道立德，不谓穷困而改节。"兰花品种很多，由于地生兰大部分品种原产中国，因此地生兰又称中国兰，并被列为中国十大名花之首。其根肉质、肥大、无根毛，有共生菌。具有假鳞茎，俗称芦头，外包有叶鞘，常多个假鳞茎连在一起，成排同时存在。叶线形或剑形，革质，直立或下垂，花单生或成总状花序，花梗上着生多数苞片。花两性，具芳香。兰花的根、叶、花、果、种子均有一定的药用价值。

种养要点

日照　喜阴，怕阳光直射。但不同品种的兰花对光照的强弱要求也不同。夏季需适当遮阴。

温度　兰花品种多，适宜的温度范围较广，最适生长温度为 18 ~ 22℃，冬季低于 2℃时要注意防冻伤。在夏季，气温超过 30℃便会停止生长。

土壤　喜微酸性土壤或含铁质的土壤，可用疏松透气、利水保肥、pH 为 5.5 ~ 6.5 的土壤作栽培用土。

浇水　浇水不宜用含盐碱的水。春季浇水量宜少，夏季宜多，冬季盆土宜干，减少浇水次数，且应于中午时浇。

施肥　宜用饼肥，如用全粪，也应经一年腐熟，掺水冲淡滤渣使用。一般从 5 月开始施肥，至立秋停肥，掌握"薄肥多施"的原则。施肥应在傍晚进行，第二天清晨再浇 1 次清水。

修剪　应随时剪去黄叶，以免影响美观。

繁殖　常用分株繁殖。春秋两季均可进行，一般每隔 3 年分株 1 次。分株前要减少浇水，使盆土较干。栽植深度以将假球茎刚刚埋入土中为度，盆边缘留 2 厘米沿口，上铺翠云草或细石子，最后浇透水，置阴处 10 ~ 15 天，保持土壤潮湿，逐渐减少浇水，进行正常养护。

换盆　每 2 ~ 3 年换盆 1 次，可结合换盆进行分株繁殖。

病虫害防治　常见的病虫害有炭疽病和线虫病。发现炭疽病可及时剪去病叶，患病兰花要及早隔离，若严重，需购置农药喷杀。防治线虫病可用 100℃ 蒸汽对栽培基质消毒，杀死虫卵，危害重的要立即换盆，并将病株泡入药液中 20 ~ 30 分钟，然后捞出晾干，用新基质重新栽种。

Tips

　　兰花有上千个品种，古人称一箭一花为兰，一箭多花为蕙；现代通行的分类有春兰、春剑、莲瓣兰、蕙兰、建兰、寒兰、墨兰七大类，各类均有名品珍品，受到兰友追捧，不乏投资者。春兰的花瓣形状呈水仙、梅花、荷花、蝴蝶等形，属于名贵品种；花舌颜色纯净没有斑点的，称为素花，亦属珍稀。

健康"食用主义"

兰花根止咳茶

[材料]

兰花根（鲜品）10克。

[制法与用法]

1. 将兰花根洗净，放入锅中。

2. 加适量清水，煎煮10分钟，取汁，温热饮用。

[健康功效]

本汤有治疗咳嗽的功效。

Tips

将兰花花朵剪下，晾干，掺入茶叶中饮用，芬芳怡人，饮之回味甘甜。

此外，也可用晾干的兰花拌入蜂蜜中，加核桃和少量花椒，然后用开水冲饮，可用于解暑去热和止咳润肺，特别对久咳不愈有一定疗效。

兰花拌肚丝

[材料]

兰花（鲜品）10朵，猪肚500克，酱油、白胡椒粉、冰糖、味精、精盐适量。

[制法与用法]

1. 将鲜兰花择洗干净，再将猪肚用盐腌渍片刻。

2. 清水洗干净，放入沸水锅内煮至半熟。

3. 捞出用刀刮洗干净，再放入沸水锅内煮熟后捞出。

4. 控干晾凉，切成细丝，放入盆内，加入白胡椒粉、冰糖、水、味精、精盐，将油和兰花瓣调匀入盘即成。

[健康功效]

本菜具有清热、解毒、健胃之功效。

米兰

常用别名： 树兰、米仔兰。

花　　语： 有爱，生命就会开花。

生 长 地： 原产于亚洲南部，现广布于热带各地。

适宜摆放地： 阳光充足的地方均可摆放，开花时期对光照的需求更高，可陈列于客厅、书房和门廊，在南方庭院中米兰又是极好的风景树。

花草特色

米兰为常绿灌木或小乔木。幼枝顶部具星状锈色鳞片，后脱落。小叶对生，倒卵形至长椭圆形。花黄色，呈米粒状，极香。浆果，卵形或球形，有星状鳞片。花期为 6 ~ 10 月，每年可开花 5 次，每次维持 1 周左右。花香似蕙兰，清香幽雅，吐香时间持续 2 ~ 3 天，放置室内，满室清香，沁人心脾。米兰的花、枝、叶均可入药。

种养要点

日照 喜阳光充足的环境，稍耐阴。盆栽米兰幼苗注意遮阴，切忌强光暴晒。

温度 喜温暖，不耐寒。最适生长温度为 20 ~ 25℃，越冬温度最好在 10℃以上。

土壤　以疏松、肥沃的微酸性土壤为宜。多用泥炭土、腐叶土加沙土作盆栽土。

浇水　喜湿润，但浇水要适量，盆土不可积水。夏季气温高时，除每天浇灌 1 ~ 2 次水外，还要经常用清水喷洗枝叶并向周围空气和地面洒水，以提高空气湿度。

施肥　每次开花之后，都应及时追施 2 ~ 3 次充分腐熟的稀薄液肥。

修剪　应从小苗开始修剪，保留 15 ~ 20 厘米高的一段主干，但不要让主干枝从土面丛生而出，而要在 15 厘米高的主干以上分权修剪，以使株型丰满。

繁殖　压条可于春季选用一年生木质化枝条，于基部 20 厘米处作环状剥皮 1 厘米宽，用苔藓或泥炭土敷于环剥部位，再用薄膜上下扎紧，2 ~ 3 个月可以生根。扦插于 6 ~ 8 月剪取顶端嫩枝长 10 厘米左右，插入泥炭土中，2 个月后开始生根。

换盆　每 1 ~ 2 年春季换盆 1 次。用盆不要太大，盆内也不要加入碱性肥料，盆底要垫好排水层。

病虫害防治　主要有蚜虫、介壳虫和红蜘蛛。除可人工刮除外，蚜虫可用烟叶水或辣椒水喷洒植株。介壳虫可用噻嗪·杀扑磷 1500 倍液喷洒。红蜘蛛用敌敌畏乳油 1000 倍液或氧乐果乳油 2000 倍液喷洒。

健康"食用主义"

米兰安神茶

[材料]

米兰花（干品）1 小匙，开水 200 毫升。

[制法与用法]

1. 取米兰花茶，置于水杯中。

2. 冲入滚烫开水，盖闷 5 ~ 10 分钟后，代茶频饮。

[健康功效]

常喝米兰花茶可安神醒脑、缓解疲劳。

秋海棠

常用别名: 相思草、八月春、岩丸子。

花　　语: 呵护。

生 长 地: 原产于中国,分布于长江以南各省区,属于中国特有的植物。

适宜摆放地: 秋海棠是富贵的象征,小型盆栽可摆放在餐厅、客厅、书房的桌案、花架上欣赏,大型盆栽可用于装饰阳台、客厅。由于其花色艳丽又没有香气,故也适合摆放在卧室。

花草特色

秋海棠为多年生草本植物。其姿态优美,叶色娇嫩柔媚、苍翠欲滴,色彩丰富,有淡绿、深绿、淡棕、深褐、紫红等。花色有红色、粉红及白色,花形多姿,娇艳异常,花儿晶莹剔透,惹人怜爱。其块茎和果可以入药。

种养要点

日照 喜阳光充足,但不宜受强烈阳光直射。

温度 喜温暖,不耐寒。生长适温 18 ~ 20℃。冬季温度不低于5℃,否则生长缓慢,易受冻害。夏季温度超过32℃,茎叶生长较差。

土壤 宜用肥沃、疏松和排水良好的腐叶土或泥炭土,在 pH 为 5.5 ~ 6.5 的微酸性土壤中生长良好。

浇水 生长旺盛期，浇水要及时，盆土经常保持湿润。除浇水外，通过叶片喷水增加空气湿度是十分必要的。但切忌盆土积水。

施肥 生长期需掌握"薄肥勤施"的原则，主要施腐熟无异味的有机薄肥或无机肥浸泡液。在幼苗期多施氮肥。

修剪 当小苗高6厘米时可摘心，促进分枝。开花前45天左右进行轻剪，促使分枝早开花。开花后及时将残花和连接残花的一节嫩茎剪去，促使下部枝条腋芽萌发，剪后10天左右嫩枝即可现蕾开花。

换盆 每1~2年换盆1次，换大一号的盆，盆底施足基肥，备好培养土，根部带土移栽，然后浇足水，移到荫蔽处养护。

繁殖 采用播种法繁殖，一般在春季4~5月及秋季8~9月最适宜。应将种子均匀撒播在盆内的细泥上（不需要覆土），再将播种盆用盆底吸水法吸足水，然后盖上一块玻璃放在半阴处，10天后就能发芽。春播的苗，当年秋季就能开花。

病虫害防治 常见虫害是卷叶蛾。少量发生时可以人工捕捉，严重时可用氧乐果稀释液喷雾防治。

健康"食用主义"

秋海棠洛神茶

[材料]

秋海棠花（干品）6克，洛神花（干品）6克，清水适量。

[制法与用法]

将以上原料加入清水煮沸，当茶饮。

[健康功效]

此茶可提神醒脑、祛除疲劳。

Tips

秋海棠性寒，脾胃虚寒者慎用。

秋海棠能对二氧化硫、氟化氢、氮氧化合物进行监测。它一旦遭受这些气体的侵袭，叶脉就会出现白色或者黄褐色的斑点，叶片顶端先变焦，之后周围部位逐渐干枯，导致叶片枯萎脱落。

杜鹃花

常用别名： 映山红、山石榴、山踯躅、红踯躅。

花　　语： 永远属于你。

生 长 地： 分布在北半球温带及亚热带，主产于东亚和东南亚地区，以我国西南部横断山区最丰富。

适宜摆放地： 阳光充足、通风的地方，一般应放在客厅或阳台上。因其花叶茂密有尖刺且易于种植，故也适合在庭院中作为矮墙或屏障栽植。

花草特色

杜鹃花品种繁多，为有刺灌木或小乔木。有常绿性的，也有落叶性的，有时呈攀缘状，多分枝，枝粗壮，嫩枝有时有疏毛。花初时白色，后变为淡黄色，钟状。花色艳丽，花期长，在我国民间有"花中西施"的美誉。花、根、茎叶均可供药用，入药的杜鹃植株都是粉红色的，黄色和白色杜鹃的植株和花内均含有毒素，误食后会引起中毒，不可食用或药用。

种养要点

日照 不耐暴晒，喜凉爽、通风、湿润的半阴环境。

温度 喜凉爽，最适生长温度为15～30℃，可耐低温。

土壤 喜酸性土壤，适应性较强，耐干旱、瘠薄，但在黏重或通透性差的钙质土壤上生长不良。可用腐殖园土、马粪屑、河沙混合而成的培养土作为基质。

浇水 生长期要适当多浇水，每天浇1～2次。进入休眠期，需水量不多，一般每隔 4 ~ 5 天浇水 1 次，且宜在晴暖天中午前后进行。具体可视盆土干燥情况适量浇水。

施肥 喜肥但怕浓肥，适宜追施矾水或采用腐熟的饼肥、鱼粉、蚕豆或紫云英等经腐烂后掺水浇灌。花期每隔 10 天施 1 次薄肥。

修剪 一般任其自然生长，只在花后需进行适当修剪整形。

换盆 一般每年春季 1 ~ 2 年换盆 1 次，在换盆时可在盆土中加入适量基肥。

繁殖 采用扦插法最为普遍。扦插盆以 20 厘米口径的新浅瓦盆为好。时间在春、秋季最好。扦插时，带节切取枝干 6 ~ 10 厘米，切口要求平滑整齐。插好后，花盆最好用塑料袋罩上，袋口用带子扎好，需要浇水时再打开，浇实后重新扎好。避免阳光直射。

病虫害防治 主要病虫害有红蜘蛛、立枯病、叶斑病等。可用杀虫剂和药剂喷杀，并做好通风透光工作，高温季节要注意遮阴，同时注意不要过多浇水而使土壤过湿。

健康"食用主义"

杜鹃花止咳茶

[材料]

粉红杜鹃花（鲜品）30 克，白糖 50 克。

[制法与用法]

1. 将上述两种原料混匀，腌制 1 天。

2. 每次取少许，用开水冲泡，代茶饮。

[健康功效]

常饮此茶有清热解毒、化痰止咳止痒的功效。

杜鹃花炒鸡蛋

[材料]

粉红杜鹃花（鲜品）150 克，鸡蛋 2 个，油、盐、胡椒粉适量。

[制法与用法]

1. 将杜鹃花洗净，鸡蛋打入碗中搅匀。

2. 锅烧热，放入适量底油，七分热时加入蛋液，让其充分起泡，搅拌。

3. 加入杜鹃花继续翻炒，变色后，调入盐、胡椒粉即可食用。

[健康功效]

本菜原味自然，清香扑鼻，具有和血、调经、祛风湿之功效。

瑞香

常用别名： 睡香、蓬莱紫、毛瑞香、千里香、山梦花、沈丁花。

花　　语： 喜悦，竞赛，赌注，游戏，悲哀，悲伤的爱情，永远的怀念。

生 长 地： 在中国和日本栽培较多，尤其是我国长江流域的低山丘陵荫蔽湿润地带广泛分布。

适宜摆放地： 对空气污染较为敏感，应放在阳光充足、空气流通，不受室内煤烟、油烟等污染的地方。

花草特色

瑞香是世界园艺三宝之一，为常绿灌木。丛生，茎光滑。叶互生，有光泽。3 ~ 5 月间开花，花黄白至紫红，密生成簇，香味尤浓，有"夺花香""花贼"之称号。

种养要点

日照　喜阴，忌阳光暴晒。

温度　喜温暖，最适生长温度为 15 ~ 25℃。

土壤　喜肥沃、湿润而排水良好的微酸性土壤。

浇水　盆土不可积水。春季少浇水，夏季高温时宜早晚浇 2 次水，秋冬季要少浇水，需注意盆土不可过干。

施肥　春季要施 2 ~ 3 次腐熟的饼肥水，以氮钾肥为主。肥水不宜浓。夏季伏天停施。入秋后，以磷肥为主，根外施薄肥，但须将肥水喷在叶背面。冬季施足基肥。

修剪 多在花后进行，将开过花的枝条剪短，以促使分枝多，增加翌年开花数量。同时剪除徒长枝、交叉枝、重叠枝，对影响美观的枝条也要及时剪除。

换盆 每隔 2 ～ 3 年换盆 1 次，一般在花谢后进行，秋季也可。换盆时剔除 2/3 旧土，适当剪去过长的须根，可结合换盆适当提根。

繁殖 可在春、夏、秋三季进行扦插繁殖，取当年生枝条，长 8 ～ 12 厘米。剪条的前一天在分枝点 1 ～ 2 毫米处用利刀割一圈。然后修平伤口，仅上部保留 3 ～ 4 片叶，其余都剪掉。将其插入有水的瓶中，滴入 2 ～ 3 滴食醋，瓶口用纱布蒙住扎紧，保持水位。一周换水 1 次，1 个月内即可生根。

病虫害防治 瑞香抗病性较强。在高温高湿季节到来前喷波尔多液 2 ～ 3 次，并放于阴凉处，可防止烂心。出现叶面色斑及畸形，或开花不良时，应及时剪去烂心枝叶、花朵，并烧掉，防止扩散。偶有蚜虫、红蜘蛛为害，可用 80% 敌敌畏乳油 1200 倍液或用 0.5 波美度石硫合剂喷洒防治。

健康"食用主义"

瑞香止痛汤

[材料]

白瑞香花(鲜品)15 克，鸡蛋 1 个，清水 250 毫升，盐、味精、麻油适量。

[制法与用法]

1. 白瑞香花加清水 250 毫升，煎至 150 毫升，去渣。

2. 打入鸡蛋，整个煮熟，下精盐、味精，淋上麻油即可。分 1 ～ 2 次趁热食蛋喝汤。

[健康功效]

本品有活血止痛、疏风、解毒、散结之效，适用于风寒牙痛。

Tips

瑞香也易招引蚯蚓，故换盆时要将蚯蚓捡尽，花盆不宜放在泥土地上。

瑞香的根或根皮、叶亦可药用，有活血止痛、解毒消肿的功效。

八角金盘

常用别名：八金盘、八手、手树、金刚纂。

花　　　语：八方来财，聚四方财气。

生　长　地：原产于日本，现全世界温暖地区已广泛栽培。

适宜摆放地：在庭院中常种植于假山边上或树旁，还能作为观叶植物用于室内、客厅及书房陈设。八角金盘适合常年放置室内观赏，不用特意挪动位置。

花草特色

　　八角金盘是非常优良的观叶花卉，为常绿小乔木。叶丛四季油光青翠，叶片大，叶柄长，像一只只绿色的手掌，因其裂叶约 8 片，看似有 8 个角而得名。花黄白或淡绿色。果实近球形，熟时黑色。花期 10～11 月，果期翌年 4 月。

Tips

　　八角金盘不仅可供室内观赏，还有净化空气的作用，能够吸收空气中的二氧化碳等有害气体，使家居生活更加舒适。

种养要点

日照　喜阴凉，忌强光，在荫蔽的环境下生长良好。

温度　喜温暖，最适生长温度为 18～25℃，当气温达到 35℃ 以上时，如果通风不良，叶缘会焦枯。越冬温度以 7～8℃

为宜，不应低于3℃。

土壤　适宜生长于肥沃疏松、排水良好的微酸性土壤中，北方地区的黏性土壤、细沙土和盐碱土都不适宜生长。家庭栽培可用腐叶土、粗河沙、田园土按2:1:2的比例再加入适量的硫黄粉或硫酸亚铁制成栽培土。

浇水　在新叶生长期，浇水要适当多些，保持土壤湿润。以后浇水要掌握"见干见湿"的原则。气候干燥时，还应向植株及周围喷水增湿。

换盆　一般在早春时节开始换盆，换盆时需要修剪不良根系。盆土中加足基肥。换盆后注意遮阴和保持湿润。

施肥　5～9月生长旺盛期，每月施饼肥水2次。

修剪　平时注意剪掉黄叶、死叶。花后不留种子的，要剪去残花梗，以免消耗养分。

繁殖　春季可作扦插繁殖，取茎基部萌发的小侧枝长10厘米左右，扦入沙或蛭石中，注意遮阴保湿，半个月即生根。分株繁殖多于春季换盆时进行，新繁殖的小苗冬季需防寒。

病虫害防治　易得炭疽病，并易受介壳虫危害。发生炭疽病时要注意合理施肥与浇水，及时修剪枝叶，发病初期喷洒50%多菌灵或50%甲基硫菌灵500～600倍液。除介壳虫还可用宽胶带粘黏，这样比用农药喷治快。

健康"食用主义"

八角金盘药汤

[材料]

　　八角金盘（干品）适量。

[制法与用法]

　　取八角金盘，加水适量煎汤内服；也可外用，取适量本品，捣敷或煎汤熏洗。

[健康功效]

　　八角金盘有化痰止咳、散风除湿、化淤止痛的功效，主治咳嗽痰多、风湿痹痛、痛风、跌打损伤等。

扶桑

常 用 别 名： 朱槿、赤槿、妖精花。

花　　　语： 新鲜的恋情，微妙的美。

生 长 地： 在中国栽培历史悠久，主要分布于福建、广东、广西、云南、四川等地。

适宜摆放地： 家庭盆栽扶桑，适于摆放在阳台、客厅等处。如果放于室内，应不时搬到室外摆放一段时间，长期在室内容易出现黄叶、徒长而不开花的现象。

花草特色

扶桑为常绿灌木或小乔木，生长快速，萌生力强。叶子互生，单叶，掌状叶脉。花朵大且美丽，有绯红、淡红、桃红及黄白等色。扶桑开花虽多，结子却少。热带地区全年都是扶桑花的花期，盛花期在 5 ~ 10 月。

Tips

扶桑花性味甘寒，有清肺、化痰、凉血、解毒、利尿、消肿功效，适用于肺热咳嗽、腮腺炎、乳腺炎、急性结膜炎、尿路感染、流鼻血、月经不调等症。

种养要点

日照 喜光，平时最好放置在阳台或窗户旁有阳光的地方。

温度 不耐寒，最适生长温度为 18 ~ 25℃。如果低于 12℃ 则停止生长，时间长久则容易使叶片脱落，所以冬天要注意防冻。

土壤　喜富含有机质的微酸性土壤，最好选择腐叶土、泥炭土或珍珠岩与少量基肥搭配作培养土。切忌使用黏重的土壤。

浇水　生长期需水量较大，每天早上或傍晚浇透水 1 次，在室内过冬期间盆土保持略湿润即可。一般每隔 5 ~ 10 天浇水 1 次，水量不宜过多。盆土忌积水，以免损伤根茎。在温度较高时，应向植株喷水。

施肥　生长期每 10 天左右施肥 1 次即可，冬季进入休眠期可停止施肥。

换盆　每年 4 月换盆。换盆时要换上新的培养土，剪去部分过密的卷曲须根，另外还要施足基肥，盆底略加磷肥。

修剪　当有些枝条生长过旺或外形不好看时，可适当修剪枝叶。

繁殖　主要采用嫁接法繁殖。嫁接多用劈接法。嫁接后要保持湿度，避免阳光直射。嫁接约 1 个月后可成活，成活后需增加光照。

病虫害防治　介壳虫危害叶片和表皮时，可人工刮除，也可用吡虫啉类药物稀释一定的倍数后，在其受危害部位进行喷雾。危害严重的，加重药量或增加喷杀次数。

健康"食用主义"

扶桑清火汤

[材料]

扶桑根（干品）、红鸡冠花（干品）各 20 ~ 30 克，清水适量。

[制法与用法]

1. 将以上原料放入锅中加适量清水。
2. 先用大火烧开，再用小火煎煮 1 小时，温热服用。

[健康功效]

本汤有清热、凉血、止血的功效。适用于月经过多者。

梅花

常用别名： 酸梅、黄仔、合汉梅、绿萼梅、绿梅花。

花　　语： 坚强、高雅。

生 长 地： 原产我国，长江流域以南各地栽培最多。

适宜摆放地： 阳光充足的庭院、阳台摆放最好。在温度较低的地区，梅花适合盆栽，南方梅花则广泛见于各种花园、庭院。

花草特色

梅花是蔷薇科李属的落叶乔木，自古就与兰花、竹子、菊花一起列为"四君子"，也与松树、竹子一起被称为"岁寒三友"。其干呈褐紫色。小枝呈绿色。叶片广卵形至卵形，边缘具细锯齿。花无梗或具短梗，呈淡粉红或白色，也有紫、红、彩斑至淡黄等花色，于早春先叶而开，气味芳香。

种养要点

日照 喜光，宜在光照充足的环境中生长，否则生长不良，开花稀少甚至全不开花。

温度 喜温暖，最适生长温度为15～23℃，但也能耐较低温度，休眠期可耐 –20～–10℃的低温。

土壤 对土壤要求不严，耐瘠薄，适宜在表土疏松、肥沃，排水良好、底土稍黏的湿润土壤中生长，可以用园土 6 份、腐叶土 2 份、素沙 2 份混合均匀作培养土。

浇水　生长期应注意浇水，经常保持盆土湿润偏干状态，浇水掌握"见干见湿"的原则。夏季每天可浇 2 次水，春秋季每天浇 1 次水，冬季则干透浇透。盆土不可过湿。

施肥　要合理，栽植前施好基肥，同时掺入少量磷肥。6 月还可施 1 次腐熟有机肥，以促进花芽分化。

修剪　上盆后要修剪整形，为良好的观赏效果打基础。花后还需及时短截，以免过度消耗养分。

换盆　每 2 ~ 3 年更换盆土 1 次。

繁殖　嫁接是最常用的繁殖方法，成活率极高。砧木可用桃（毛桃、山桃）、杏和梅的实生苗或桃、杏的根，且四季均可进行。

病虫害防治　常见的病虫害有缩叶病和蚜虫。缩叶病可喷洒甲基硫菌灵或多菌灵防治，亦可喷洒 1% 波尔多液，每隔一星期喷 1 次，3 ~ 4 次即可治愈。蚜虫可人工刮除或喷 40% 的氧乐果乳油 1000 倍液防治。

健康"食用主义"

梅花山楂茶

[材料]

梅花（干品）5 克，扁豆花 15 克，山楂片 20 克。

[制法与用法]

将上 3 味原料分 3 ~ 5 次，放入瓷杯中，以滚烫开水冲泡，温浸片刻。代茶饮用。

[健康功效]

本汤有治疗食欲不振的功效。

白梅合欢酒

[材料]

白梅花（干品）5 克，合欢花 10 克，黄酒 50 毫升。

[制法与用法]

将前 2 种原料放入黄酒中，隔水煮沸。晚饭后 1 小时饮用，每日 1 次。

[健康功效]

本品有治疗失眠的功效。

芭蕉

常用别名： 扇仙、甘蕉、天苴、板蕉、牙蕉。

花　　语： 为恋爱而打扮得漂漂亮亮的男子。

生 长 地： 芭蕉多产于亚热带地区，我国南方大部以及陕西、甘肃、河南部分地区都有栽培。

适宜摆放地： 阳光充足的地方，庭院、阳台最好。

花草特色

　　芭蕉是多年生草本植物。叶片很大，为长圆形，基部圆形或不对称，叶面鲜绿色，有光泽，叶柄粗壮。花序顶生，下垂，苞片红褐色或紫色。浆果三棱状，长圆形，近无柄，肉质，内具多数种子。芭蕉果实可吃，与香蕉的营养差不多，从中医角度讲，都有润肠通便功效，但香蕉性凉，芭蕉中性，故胃寒者不宜多吃香蕉，一般老年人宜吃芭蕉。

Tips

　　芭蕉根有清热解毒的作用，将一小段芭蕉根洗净，捣烂敷于患处，或烧存性研末加清水调敷，可治轻微烫伤。

种养要点

日照　耐半阴，过于荫蔽则植株生长不良，难以开花。

温度　喜温暖，最适生长温度为 24 ~ 32℃。冬季需室内越冬。

土壤	宜疏松、肥沃、透气性良好的土壤，忌黏性土。	换盆	无需每年换盆。生长不良时可酌情更换盆土。
浇水	喜湿润，应经常浇水和向植株喷水以保持较高的土壤和空气湿度，但忌盆土持续积水，否则很容易烂根。	繁殖	春天当根上长出许多幼株时，可进行分株繁殖。移栽时于盆中施入有机肥作为基肥。
施肥	栽种时除施足基肥外，生长期每月还应追施腐熟的有机肥1～2次。	病虫害防治	病虫害较少。炭疽病是芭蕉上的重要病害，家庭养殖应加强浇水管理，增施磷钾肥，盆内不要积水。及时清除病花、病果，收获后清除病残组织，减少来年菌源。
修剪	生长期间应随时剪去黄叶，以防徒长消耗养分，影响美观。		

健康"食用主义"

芭蕉鸡蛋饼

[材料]

芭蕉2根，富强粉适量，蜂蜜少许，鸡蛋、白糖、白芝麻、食用油适量。

[制法与用法]

1. 将1根芭蕉扒皮，放入料理机，打入鸡蛋，放入白糖。

2. 搅打均匀，这个过程会起到鸡蛋搅拌松散起泡的作用。

3. 放入适量面粉。

4. 锅内倒入少许食用油。

5. 将面糊倒入锅内，晃动锅子，使其均匀沾满锅底。

6. 查看边缘，成金黄色，即可翻面。

7. 扒开1根芭蕉，放入饼内，卷好即可。

[健康功效]

此饼不仅美味，还能清热、利尿、解毒。

月季

常用别名：月月红、月季花、胜春。

花　　语：幸福、光荣、美艳长新。

生　长　地：我国是月季的原产地之一，现江苏、山东、山西、湖北、四川、贵州等地多有培育。

适宜摆放地：盆栽月季应放在空旷、通风、阳光充足的地方，如庭院、阳台、窗台等。还可以直接在庭院里栽培，也很适合插瓶装饰。

花草特色

月季被称为"花中皇后"，其花期长，几乎一年四季都在开花，观赏价值很高。为常绿或半常绿低矮灌木。茎有刺，奇数羽状复叶。四季开花，多深红、粉红色，偶有白色、黄色。花及根、叶均可入药。

种养要点

日照　喜光，适合摆放在室内光线充足的地方。

温度　喜温暖，怕炎热，较耐寒。最适生长温度为22～25℃。

土壤　对土壤要求不严，但以富含有机质、排水良好、pH在5.5～8的微酸性沙质土壤生长最佳。

浇水　喜水，在整个生长期中都不能失水，尤其是从萌芽到放叶、开花阶段，应充分供水，花期水分需要较多，土壤应经常保持湿润。进入休眠期后要控制水分，不宜过多。

施肥 生长期必须及时施肥，防止树势衰退，使花开不断。

修剪 盆栽月季在孕花前45天左右，需进行全面枝条修剪。

换盆 不必每年换盆，一般植株生长过大，快要"暴盆"时可换大盆，如果想要小盆换大盆，一年四季都可进行。

繁殖 以芽接繁殖最普遍，一般于6～9月份选择开过花的枝条作插穗，最好有5片小叶且未萌发的休眠芽。

病虫害防治 常见的病虫害有黑斑病、白粉病和蚜虫。黑斑病和白粉病都因过于潮湿闷热所引起，轻度的可摘去部分病叶，严重的应隔10天左右喷洒波尔多液或甲基硫菌灵、灭菌灵等2～3次防治。蚜虫可用烟蒂浸水或敌百虫加水稀释后喷洒，半天内即可将虫消灭。

健康"食用主义"

活血月季花粥

[材料]

粳米100克，桂圆肉50克，月季花30克，蜂蜜适量，清水1000毫升。

[制法与用法]

1. 粳米淘洗干净，用冷水浸泡半小时，捞出，沥干水分。

2. 桂圆肉切成末。

3. 锅中加入清水，将粳米、桂圆肉末放入，用旺火烧沸，然后改用小火熬煮成粥，放入蜂蜜、月季花，搅拌均匀，即可盛起食用。

[健康功效]

此粥活血化淤，是治疗月经不调、痛经的食疗方。

Tips

在朋友圈屡次看见有人抱怨收到的不是玫瑰而是月季。其实平时我们在花店里买的鲜切玫瑰，本来就是月季。玫瑰复叶小叶5~9片，叶片皱，刺密集，花瓣较单薄，香味浓郁，一般用来提炼精油或作为食品原料。此外，玫瑰一年只开一次花，花农种植它用来做鲜切花并不合算。

百合

常 用 别 名： 强瞿、番韭、山丹、倒仙。

花　　　语： 顺利、心想事成、祝福、高贵。

生 长 地： 广泛分布于北半球温带高山或林下土层深厚微酸的地方，如我国西南与西北部，日本。

适宜摆放地： 阳台、窗台均可，白天可放在卧室内，晚上宜搬至客厅或阳台。另有一个重要用途是做插花。

花草特色

百合素有"云裳仙子"之称，这是由于其外表高雅纯洁，有很强的观赏价值。百合花姿雅致，叶片青翠娟秀，茎秆亭亭玉立，是名贵的切花新秀。其为多年生草本植物，花供观赏，地下鳞茎供食用。花着生于茎秆顶端，呈总状花序，簇生或单生，花冠较大，花筒较长，呈漏斗形喇叭状。花色因品种不同而色彩多样，多为黄色、白色、粉红、橙红。花落后结长椭圆形蒴果。百合还能净化家居，摆在家中可以长期吸附家里的异味，释放出干净的氧气和阵阵的幽香。

Tips

百合深受花友喜爱，但不能因为喜爱而摆放过多，否则观赏效果会适得其反，一般可以选择5株一盆的组合，比较符合百合格调高雅的品格特征。此外，百合适合放在门、窗附近等上风口，以利于其香味的扩散。

种养要点

日照 喜光，室内阳光充足、略荫蔽的环境对百合更为适合。

温度 喜凉爽，最适生长温度为15～25℃。低于10℃生长缓慢，超过30℃则生长不良。

土壤 喜肥沃、腐殖质深厚的土壤，最忌硬黏土，以排水良好的微酸性土壤为好。

浇水 浇水只需保持盆土潮湿即可，但生长旺盛期和天气干燥时须适当勤浇，并常在花盆周围洒水，保持空气湿度。

施肥 对肥的要求不高，通常在春季生长开始及开花初期酌施一定以磷为主的液肥即可。

修剪 在开花后要及时剪去枯叶残花，在植株进入休眠期时，要及时剪除土面上的枯枝败叶。

换盆 每年春季换盆1次，换上新的培养土和基肥。此外，生长期每周还要转动花盆1次，否则植株容易长偏，影响美观。

繁殖 通常在老鳞茎的茎盘外围长有一些小鳞茎。在9～10月收获百合时，可把这些小鳞茎分离下来，贮藏在室内的沙中越冬，第二年春季上盆栽种。培养到第三年9～10月，即可长成大鳞茎而培育成大植株。

病虫害防治 常见的病害有叶枯病。发病初期摘除病叶，第7～10天喷洒1次1%等量式波尔多液。若发生虫害，应及时人工除虫。

健康"食用主义"

百合美容蜜饯

[材料]

百合（干品）100 克，蜂蜜 150 克。

[制法与用法]

1. 取百合 100 克，清水洗净，泡发 2 小时，和 150 克蜂蜜调匀，放在碗内。

2. 用锅蒸 1 小时，晾凉后装入容器中，每天食用 20～30 克。

[健康功效]

百合有美容养颜、清热凉血的功效，主治肺燥、肺热或肺热咳嗽、热病后余热未清、心烦口渴等病症。常吃此蜜饯可用于治疗肺痨久咳、气喘乏力、心烦不安、低热等症。

Tips

百合的根部含有丰富的淀粉，可供食用，并且有一定的食疗价值。食用百合产地以甘肃兰州最为有名，据说只有兰州产的百合才是甜的。兰州百合至少 3 年才开挖，在开花时节会将花朵掐掉以利于根部聚集营养。花友家里盆栽的百合一般只是为了欣赏花容，且过了一年就很难再开花。

百合玉竹粥

[材料]

百合（鲜品）20 克，玉竹 20 克，粳米 100 克，冰糖 2 块。

[制法与用法]

1. 百合洗净，撕成瓣状。

2. 玉竹洗净，切成 4 厘米长的段。

3. 粳米淘洗干净，用冷水浸泡半小时，捞出，沥干水分。

4. 把粳米、百合、玉竹放入锅内，加入清水约 1000 毫升，置旺火上烧沸，改用小火煮约 45 分钟。

5. 锅内加入冰糖搅匀，再稍焖片刻，即可盛起食用。

[健康功效]

百合鲜品富含黏液质及维生素，对皮肤细胞新陈代谢有益，常食百合有一定美容作用。此品滋阴润肺，有止咳之效。

萱草

常用别名： 忘忧草、黄花菜、金针菜。

花　　语： 遗忘的爱。

生　长　地： 原产于中国、西伯利亚、日本和东南亚，现秦岭以南的亚热带地区多有种植。

适宜摆放地： 庭院、阳台、窗台等阳光充足处。放在室内会出现花朵变少甚至不开花的现象。

花草特色

　　萱草为多年生宿根草本植物。其叶为扁平状的长线形，与地下茎一样有微量的毒，不可直接食用。花期会长出细长绿色的开花枝，花色橙黄、花柄很长、呈百合花一样的筒状。结出来的果子有翅。花期6月上旬至7月中旬，每花仅开放一天。鲜萱草含有秋水仙碱，食用后会引起咽喉发干、呕吐、恶心等现象，但一经蒸煮洗晒后再食用，就无副作用发生。因此必须在蒸煮晒干后存放，而后食用。

种养要点

日照 喜阳光又耐半阴，应放置在阳光充足的地方养护。

温度 地上部不耐寒，地下部可耐 -10℃ 低温。叶片最适生长温度为 15 ~ 20℃。开花期要求较高温度，20 ~ 25℃ 较为适宜。

土壤 对土壤要求不严，在干旱、潮湿、贫瘠土壤中均能生长，但生长发育不良，开花小而少。以富含腐殖质，排水良好的湿润土壤为宜。

浇水　生长期应适当多浇水，每天1～2次，但盆土不可积水。

施肥　早春萌发前先施基肥，上盖薄土，再将根栽入，栽后浇透水1次。生长期每2～3周追肥1次，入冬前施1次腐熟有机肥。

修剪　为了使养分集中供给主蕾生长，每年春季现蕾时应及时将侧蕾摘除，使开花美而大。

换盆　每年春季换盆1次。

繁殖　春秋以分株繁殖为主，每丛带2～3个芽，施以腐熟的堆肥。春季分株，夏季就可开花，通常5～8年分株1次。播种繁殖春秋均可。春播时，头一年秋季将种子沙藏。秋播时，立春发芽。实生苗一般2年开花。

病虫害防治　常见病虫害有锈病，应加强日常管理。可在发病时喷洒0.3～0.5波美度石硫合剂或80%代森锌可湿性粉剂500倍液或20%三唑酮乳油4000倍液等药剂，每隔10～15天喷1次，连喷2～3次。

Tips

　　早在康乃馨成为母爱的象征之前，中国已有一种母亲之花，它就是萱草。古时候当游子要远行时，就会先在北堂种萱草，希望减轻母亲对孩子的思念，忘却烦忧。唐朝孟郊《游子诗》写道："萱草生堂阶，游子行天涯。慈母倚堂门，不见萱草花。"

健康"食用主义"

黄花菜助眠汤

[材料]

合欢皮（花）15 克，云苓 12 克，郁金 10 克，浮小麦 30 克，百合 15 克，黄花菜（干品）30 克，红枣 6 颗，猪瘦肉 150 克，生姜 2 片，食盐少许。

[制法与用法]

1. 将红枣去核，黄花菜洗净浸泡，挤干水。

2. 猪瘦肉洗净，不必刀切。

3. 与生姜一起放进瓦煲内，加入清水 2500 毫升，大火煮沸后，改为文火煲约 2 小时，调入少许食盐便可。

[健康功效]

常食可治过劳积伤、胸胁闷痛和胃火牙痛。此菜有安神助眠的功效。

黄花菜健脾粥

[材料]

黄花菜 30 克，大枣 20 克，糯米 150 克。

[制法与用法]

1. 黄花菜浸泡切段，大枣去核。

2. 同入锅，加适量水煮成稀粥，即可食用。

[健康功效]

此粥健脾益气、增进食欲、促进睡眠，适用于治疗产后及病后身体虚弱、倦怠乏力、少气懒言、食欲不振、头昏眼花等症。

Tips

萱草的花朵外形与百合相似，实际上它也是百合科植物，在英文中被称为虎百合（tiger lily）。它和百合区别最大的地方在叶子。我们日常用于食用的黄花菜是萱草的一种，由其花蕾蒸熟晒干制成。其叶、根亦入药，萱草嫩叶口感独特、营养丰富，具有利湿热、宽胸、消食的功效，可治胸膈烦热、黄疸、小便赤涩。萱草根清热利尿，凉血止血，可用于腮腺炎等。

昙花

常用别名： 琼花、月下美人、夜会草、鬼仔花。

花　　语： 刹那的美丽，一瞬间即永恒。

生 长 地： 原产于墨西哥、危地马拉、洪都拉斯、尼加拉瓜、苏里南和哥斯达黎加。目前我国各地普遍栽培。

适宜摆放地： 阳台、露台、庭院，如摆放于窗口，具有"化煞"的功效，但最好不要放在卧室。

花草特色

　　昙花主茎呈圆筒形，木质。分枝呈扁平叶状，边缘具波状圆齿。刺座生于圆齿缺刻处。幼枝有刺毛状刺，老枝无刺。花有芳香，开花季节一般在 6 ~ 10 月，于夜间开花，开花时间仅有几个小时，故有"昙花一现"的说法，然而它那短暂的美丽，特别惹人怜惜，历来受到世人的追捧。

种养要点

日照　喜半阴环境，忌强光暴晒。

温度　喜温暖，最适生长温度为 15 ~ 25℃。不耐寒，气温下降到 7℃ 时会受冻害。

土壤　喜疏松、肥沃、排水良好的土壤，栽培用土可用 1 份腐叶土、1 份园土、1 份河沙混合，并加入一些腐熟有机肥配制而成的培养土。

浇水　生长期要充分浇水，并经常喷水提高空气湿度，保持盆土湿润，但不能用碱性水浇灌。冬季要控制浇水，盆土保持适度干燥。

施肥　喜肥，适当施肥可使花朵累累。生长期每月施 1 ~ 2 次追肥，以腐熟的饼液肥、粪肥液并加硫酸亚铁效果更好，也可用尿素、过磷酸钙的混合液浇灌。冬季停止施肥。

修剪　孕蕾期要及时去掉变态茎上的新芽，以使养分集中到花蕾。花后及时修剪，去掉老的枝条，并适当施 1 ~ 2 次氮肥。

换盆　每年春季换盆 1 次。在换盆前要控水，盆土干燥后再脱盆，然后减去老根、病根、断根和损伤根，在伤口处涂上木炭粉或硫黄粉，等晾干后再栽植上盆。

繁殖　常用扦插法繁殖。春季或夏季开花后，从成年植株上选取稍老的叶状枝，剪取插穗，长度 15 厘米左右。插穗先放阴凉处阴干 3 ~ 4 天，然后扦插在培养土中，入土 1/2 或 1/3。插后放阴凉处，生根以后再浇水。

病虫害防治　常见的病虫害有腐烂病和介壳虫。腐烂病可用 10% 抗菌剂喷洒。介壳虫可人工刮除或喷洒药液。

健康"食用主义"

昙花排骨润肺汤

[材料]

昙花（鲜品）2 朵，猪肋排 600 克，冰糖 3 粒，盐少许。

[制法与用法]

1. 昙花去芯后掰成小片，洗净。

2. 猪肋排洗净后切小段，在开水中焯去血水。

3. 除盐和昙花外，所有材料放入锅中大火烧开后转小火慢炖 1 小时，加入昙花片慢炖 10 分钟即可食用。

[健康功效]

此汤清热润肺，主治大肠热症、肿疮、肺炎、痰中有血丝、哮喘等症，兼治高血压及血脂过高等。

凤仙花

常用别名：指甲花、染指甲花、小桃红。

花　　语：不要碰我，怀恋过去。

生 长 地：原产印度、缅甸、中国、马来西亚，目前我国各地都有分布。

适宜摆放地：若放在客厅，耀眼的红色顿增春天的气息；若放在电视机旁和厨房里，可以吸收有害气体。

花草特色

　　凤仙花为一年生草本观花花卉。花形似蝴蝶，花色有粉红、大红、紫、白黄、洒金等，善变异。有的品种同一株上能开数种颜色的花朵。花期6～8月，结蒴果，状似桃形，成熟时外壳自行爆裂，将种子弹出，自播繁殖，故采种须及时。另外，凤仙花的汁液可以用来染指甲。

　　凤仙花是一种历史悠久的染料，除了染指甲，古埃及人用它来染头发，印度用它来彩绘身体。其叶子也有染色的功效。

种养要点

日照　喜光，也耐阴，每天要接受至少4小时的散射光。夏季要进行遮阴，防止温度过高和烈日暴晒。

温度　喜温暖，最适生长温度为15～25℃。不耐寒，气温下降到7℃时会受冻害。

土壤 适应性强，适合生长于疏松肥沃的微酸土壤中，但也耐瘠薄。

浇水 生长期要注意浇水，经常保持盆土湿润，特别是夏季要多浇水，但盆土不能积水和长期过湿。如果水浇得过多应注意排水，否则根、茎容易腐烂。

施肥 生长期施肥要勤，以每周施1次液肥为宜。

修剪 植株长到20～30厘米时要摘心。定植后，对植株主茎要掐顶，增强其分枝能力，使株型丰满，开花茂盛。

换盆 无需换盆。

繁殖 可在3～9月进行播种繁殖，种子播入盆中后一般1个星期左右即发芽长叶。

病虫害防治 常见病虫害有轮纹病。加强日常管理，及时剪去病叶，严重时可购置相应的药液喷杀。

健康"食用主义"

透骨草汤

[材料]

凤仙花全草（干品）100克，清水、食醋等量。

[制法与用法]

将凤仙花加清水煎煮，冷却后加等量的食醋，每日浸泡患病的手足半小时，2个星期为1个疗程。

[健康功效]

凤仙花有活血化淤、利尿解毒、通经透骨之功效。此品可治手足癣。

Tips

凤仙花的全身都是宝，花、茎、根、种子皆可入药。全草在中医中叫透骨草，含多种蛋白质、多糖类及氨基酸等，其嫩茎可炒、烧、烩、腌、泡，炒肉片、烧青笋等。凤仙花3～5朵，泡茶饮可治妇女经闭腹痛。凤仙花根适量，晒干研末，每次9～15克，水酒冲服，一日1剂；或凤仙茎叶捣汁，黄酒冲服，均可治跌打损伤。

金雀花

常用别名：锦鸡儿、黄雀花、阳雀花、一颗血。

花　　语：幽雅整洁。

生长地：我国长江流域及华北地区的丘陵、山区的向阳坡地。

适宜摆放地：庭院、阳台、窗台等阳光充足的地方，在园林中被广泛种植。

花草特色

金雀花为落叶观花灌木，5～6月开花期为最佳观赏时期。平时亦可观赏各种造型的树姿。其盛开的花朵，如展翅欲飞的金雀，满树金英，微风吹拂，摇摇欲坠，甚为悦目。金雀花、根均可以入药，性味微温甜，具有滋阴、和血、健脾的功效。它还含有多种营养成分，云南人习惯用它来炒蛋或者煎蛋，人称"山林姣香"，鲜香清甜、细脂柔嫩、风味独特。

种养要点

日照　喜光，宜放于阳光充足、空气流通之处。

温度　喜冷凉，最适生长温度为15～25℃。

土壤　宜用中性或微酸的土壤或轻黏土，不宜用碱性土。盆栽用普通培养土或田园土即可。

浇水　平时适量浇水即可。浇水掌握"不干不浇，浇必浇透"的原则。特别是在开花期要注意保持盆土的湿润，可延长其花期。

施肥　冬季休眠期可施 1 次基肥，春季开花前施 1 次追肥，可延长花期。开花后，再施 1 次追肥，可促进枝叶生长。

修剪　冬季落叶后，可剪去各种影响树形的枝条。春季开花后，则剪短开过花的枝条。生长旺盛期，可随时进行徒长枝的修剪，并适当摘心，以保持树形美观。

换盆　每隔 2 ～ 3 年翻 1 次盆，以早春为宜。换盆时可去掉一部分旧土，并将过长的根适当剪短。还可结合换盆进行提根造型。

繁殖　常用播种或分株繁殖。春播种子宜先用 30℃ 温水浸种 2 ～ 3 日后，待种子露芽时播于培养土中。分株通常在早春萌芽前进行，在母株周围挖取带根的萌条栽在盆土中，但需注意不可过多损伤根皮，以利成活。

病虫害防治　常见病虫害有树花和细蚂蚁、蚜虫。树花的防治，是要剪除寄生有树花的树茎和枝条烧毁。金雀花根系还会受到细蚂蚁的危害，可用来福灵或蚂蚁净防治。而防治蚜虫，可用低毒的药剂防治。

健康"食用主义"

金雀花炒鸡蛋

[材料]

金雀花 250 克，鸡蛋 2 个，熟火腿少许，盐、胡椒粉、味精适量。

[制法与用法]

1. 摘去金雀花的花蒂、花蕊，入沸水锅中焯后放入凉水中漂洗干净，捞出挤干水分。

2. 熟火腿切成末，鸡蛋打入碗中，加入盐、胡椒粉、味精，调打均匀。

3. 将金雀花放入调匀的蛋糊中，拌匀。

4. 炒锅置旺火，注入猪油，烧至七成热，下金雀花翻炒，熟后装盘，撒上熟火腿末即成。

[健康功效]

金雀花具有滋阴、和血、健脾的功效，此菜可用于治疗头晕耳鸣、肺虚咳嗽、小儿消化不良等症。

金银花

常用别名： 忍冬、金藤花、苏花、鹭鸶花。

花　　语： 全心全意把爱奉献给你，诚实的爱、真爱。

生 长 地： 我国大部分地区均有生长。

适宜摆放地： 可匍匐亦可攀缘，可以做绿化矮墙，亦可以利用其缠绕能力制作花廊、花架、花柱等。一般种植在阳台、窗台、墙壁、篱笆、花架等处。

花草特色

金银花为多年生半常绿缠绕木质藤本植物。"金银花"一名出自《本草纲目》，由于忍冬花初开为白色，后转为黄色，因此得名。金银花自古被誉为清热解毒的良药。它性甘寒、气芳香，清热而不伤胃，芳香透达又可祛邪。金银花既能宣散风热，又善清解血毒，用于各种热性病，如身热、发疹、发斑、热毒疮痈、咽喉肿痛等证，均效果显著。

种养要点

日照 喜阳光，稍耐阴。光照充足则植株健壮，花量多。光照不足则枝梢细长，叶小、花稀。

温度 喜温暖，其生长适宜的温度为 20 ~ 30℃，当气温达到 4℃以上时，金银花开始萌芽，我国大部分地区可室外越冬。

土壤 对土壤要求不严，在沙土、黏土、沙砾土中都可以生长，但以湿润、肥沃的深厚沙质土壤最佳。

浇水　耐干旱和水湿，浇水要见干见湿，浇水时间一般在傍晚或早上。秋冬季节要少浇水。

施肥　喜肥，应多施有机肥。冬季盆底施入基肥。初春可追施腐熟饼肥水 2～3 次，生长旺盛期每半个月施 1 次稀薄肥水。

修剪　分 2 个时期。一是冬剪，从 12 月份至来年 3 月上旬均可进行。二是绿期的修剪，即从 5 月至 8 月中旬均可进行。修剪时将重余枝条全部去掉。

换盆　每年春季换盆 1 次。连根带土脱盆，放入新盆中，把四周空隙填满土即可。

繁殖　以扦插繁殖为主，除冬季以外，其他三季均可进行。插条取 1～2 年生健壮枝条，长 20～25 厘米，插入沙土 1/2 以上，保持土壤湿润，半个月可生根。

病虫害防治　常见病虫害为褐斑病。可以剪除病叶，然后用 1：1.5：200 比例的波尔多液喷洒，每 7～10 天喷 1 次。

健康"食用主义"

金银花露

[材料]

金银花（干品）500 克。

[制法与用法]

1. 金银花先浸泡 2 小时，再用蒸锅蒸上汽。

2. 将蒸馏水取液，用消毒过的密封瓶密封保存。每次 50 毫升，每日 2 次。

[健康功效]

此露清热解毒，可治疗暑天疖肿、上呼吸道感染、咽炎。

金银花消炎茶

[材料]

杭白菊（干品）2 朵，金银花（干品）、枸杞籽（干品）适量。

[制法与用法]

1. 将杭白菊、金银花和枸杞籽，加适量滚烫开水冲泡即可。

2. 最好不要放糖，放糖会降低疗效。孕妇忌服。

[健康功效]

此茶清热解毒，可治疗咽喉炎和扁桃体炎。

玉簪

常用别名： 玉春棒、白鹤花、玉泡花、白玉簪。

花　　语： 脱俗、冰清玉洁。

生 长 地： 原产我国和日本，目前我国各地均有种植。

适宜摆放地： 适合放在北面的阳台或庭院里阳光不会直射的地方，如树下；摆设在客厅也有很好的点缀效果，不宜放在卧室。

花草特色

　　玉簪是良好的观叶观花植物，为多年生草本植物，根状茎粗大。花为总状花序顶生，自花茎中部到顶部着生花十余朵，花白色如玉，管状漏斗形，酷似古代妇女发髻上插的玉簪，雅洁晶莹。花在夜间开放。玉簪花、叶均具有观赏价值，是优良的插花材料。玉簪花全株均可入药，花入药具有利湿、调经止带的功效，根入药具有清热消肿、解毒止痛的功效，叶能解毒消肿。

种养要点

日照 喜阴，不耐强烈日光照射。夏季要避免阳光直射，以不受阳光直射的荫蔽处为好，否则会出现叶片发黄、边缘焦枯现象。

温度 喜温暖，较耐寒。最适生长温度为 15 ～ 22℃。11 月底移入室内，室温以 0℃以上为宜。

土壤 不择土壤，但以排水良好、肥沃湿润的土壤生长繁茂。盆土用园土 5 份、腐殖土 4 份、河沙 1 份混合配置。

浇水 生长期间需经常保持盆土湿润状态。如果浇水过多，施肥过量，易引起根部腐烂、叶子变黄。夏天供水要充足，空气干燥时，每天向叶面喷水。

施肥 从5月上旬开始施肥，约每月追施1次稀薄液肥，7～8月份可以稍浓些，9月下旬以后停止施肥。每次施肥后都要及时浇水、松土，以利土壤透气。

修剪 在生长过程中要随时将基部的黄叶摘除，以保持全株青绿。

换盆 不需要特别换盆，只需在每年春季结合分株时换盆土。

繁殖 以分株繁殖为主，特别是花叶品种只能用分株繁殖。春季萌芽前或秋季叶枯黄前，将过密株丛挖起，每2～3个芽带根切开，另行栽植。

病虫害防治 常见的病虫害有锈病、蜗牛和蛞蝓。叶片发生锈病时用波尔多液或50%萎锈灵可湿性粉剂1000倍液喷洒防治。夏季庭院种植的玉簪应注意防止蜗牛和蛞蝓危害叶片，发现后应及时捕捉。

健康"食用主义"

玉簪消肿茶

[材料]

　　玉簪花3克，白糖、清水适量。

[制法与用法]

　　将玉簪加入白糖适量拌匀，腌渍半天，放入瓷杯中用沸水冲泡，温时可当茶饮，一日数次。

[健康功效]

　　此茶可缓解咽喉肿痛。

玉簪花调经粥

[材料]

　　玉簪花12～15克，红花6～12克，粳米50～100克，红糖适量。

[制法与用法]

　　将玉簪花、红花煎取浓汁去渣，粳米加水适量，煮沸后调入药汁及红糖，同煮为粥。

[健康功效]

　　此粥活血行淤，养血育阴，适用于气血淤阻之痛经，月经不调，但气血虚证忌用。

栀子花

常用别名： 栀子、黄栀子、山栀花。

花　　语： 永恒的爱，一生守候和喜悦。

生 长 地： 我国大部分地区有栽培，集中在华东和西南。

适宜摆放地： 室内阳光充足的阳台、窗台、采光好的客厅等地。放于室内的栀子花盆栽，在开花前最好移到室外。

花草特色

　　栀子花为常绿灌木。植株大多比较低矮，叶色四季常绿，花芳香素雅，格外清丽可爱。花除可置于室内观赏外，还可做插花和佩带装饰。其花可提炼做香料，果实、叶和根可入药，有泻火除烦、清热利尿、凉血解毒之功效。

种养要点

日照　喜半阴环境，怕强光暴晒。

温度　喜凉爽，最适生长温度为16 ~ 18℃。夏季应适当降温遮阴。冬季放在见阳光、温度又不低于0℃的环境下，让其休眠，温度过高会影响来年开花。

土壤　宜用含腐殖质丰富、肥沃的酸性土壤栽培，将土壤pH控制在4.0 ~ 6.5之间为宜。一般盆栽土可用3

份腐叶土、2 份沙土、5 份园土混合配制。

浇水 喜空气湿润，生长期要适量增加浇水。夏季燥热，每天须向叶面喷雾 2 ~ 3 次。但花现蕾后，浇水不宜过多，以免造成落蕾。冬季浇水以偏干为好，防止水大烂根。栀子花喜肥，进入 4 月生长旺盛期后，可每半个月追肥 1 次。

施肥 生长期需掌握"薄肥勤施"的原则，主要施腐熟无异味的有机薄肥水或无机肥浸泡液。在幼苗期多施氮肥。

修剪 根据树形选留 3 个主枝，要求随时剪除根蘖萌出的其他枝条。花谢后枝条要及时截短。

当新枝长出 3 节后进行摘心。

换盆 上盆和换盆均需在 3 ~ 4 月进行，每隔 2 ~ 3 年换盆 1 次。

繁殖 常用扦插法繁殖，以夏秋之间成活率最高。插穗选用 2 ~ 3 年生枝条，截取 10 ~ 12 厘米，剪去下部叶片，斜插于培养土中，注意遮阴和保持一定湿度。一般 1 个月可生根，待生根小苗开始生长时移栽或单株上盆，2 年后可开花。

病虫害防治 病虫害主要有煤烟病和介壳虫。介壳虫可用竹签或小刷刮除，也可用 20 号石油乳剂加 100 ~ 150 倍水进行喷雾防治。煤烟病可用清水擦洗，或用多菌灵 1000 倍液喷洒防治。

健康"食用主义"

清热栀子花

[材料]

栀子花(鲜品)500 克，葱花、姜丝、食盐、香油、老醋、味精各适量。

[制法与用法]

1. 将栀子花去杂洗净，放入沸水中煮一沸，捞出沥水。

2. 晾凉用筷子抓松，置于洁白的瓷盘中，撒上葱花、姜丝，浇入香油、老醋，酌放食盐、味精，搅拌均匀即可食用。

[健康功效]

此菜清香鲜嫩，具有清热凉血、解毒止痢的功效。

Tips

将栀子叶打碎，和适量面粉混合，加入适量白酒拌匀成团，摊开至大小合适的饼状，用保鲜膜包好，将其敷于伤痛处，用牙签把保鲜膜扎一些洞以利透气，外面用棉（纱）布包好，每次敷 20 小时左右，可消肿，治跌打损伤。

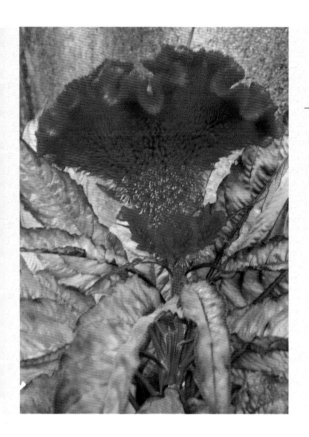

鸡冠花

常用别名： 鸡髻花、老来红、芦花鸡冠。

花　　语： 真挚永恒的爱。

生 长 地： 原产印度，在中国分布大部分地区，广布于温暖地区，多生长于炎热而干燥土壤。

适宜摆放地： 可以摆放在东向、南向、西向阳台上进行养护，其中以南向阳台的栽培效果最好。

花草特色

　　鸡冠花因花序形似鸡冠而得名，花色大多为红色，是比较著名的草本花卉之一，色彩鲜艳明快，极具观赏价值，所以很多人喜欢用来美化环境。鸡冠花一般分红、白两种，市场上以红鸡冠花流通为主，以花大、颜色鲜艳、柄短为佳。

Tips

　　鸡冠花为苋科植物，是一味众所周知的天然妇科良药，常被用来制作各种佳肴，而且是煲汤的常用食材。但需注意脾胃虚弱者慎用鸡冠花。

种养要点

日照　喜光，需长时间充足的光照，每天至少要保证有4小时光照。

温度　喜温暖，最适生长温度为15～30℃。冬季在5℃以上就不会受冻害，超过35℃对生长有影响。

土壤　喜肥沃、排水良好的沙质土壤，可用腐叶土、园土、沙土以1∶4∶2比例配制混合基质。

浇水　在生长期间必须适当多浇水，但盆土不宜过湿，以潮润偏干为宜。在种子成熟阶段宜少浇浇水，以利种子成熟，并使鸡冠花较长时间保持花色浓艳。

换盆　无需换盆。

施肥　盆土宜肥沃，可用肥沃土壤和熟厩肥各一半混合而成，能防止徒长不开花或迟开花。生长后期加施磷肥，并多见阳光，可促使生长健壮和花序硕大。

修剪　矮生的鸡冠花定植后要进行摘心，以促发多分枝。其他品种不需摘心。

繁殖　常用播种繁殖。清明时节施足基肥，将种子均匀地撒于盆土上，略用细土盖严种子，踏实土壤后浇透水，保持盆土湿润。一般在气温 15 ~ 20℃时，10 ~ 15 天可出苗。

病虫害防治　常见病虫害有茎腐病和蚜虫。茎腐病可用 1∶1∶200 的波尔多液或 50% 的甲基硫菌灵可湿性粉剂喷洒。有蚜虫危害时可人工刮除。

健康"食用主义"

鸡冠花蛋汤

[材料]

　　白鸡冠花 60 克，鸡蛋 1 个，葱段、姜片、盐、味精、白糖适量，麻油少许。

[制法与用法]

　　1. 将白鸡冠花洗净，加清水放入锅内煎煮，留汤去渣。

　　2. 将葱段、姜片下入锅内，再下入适量盐、味精、白糖，烧开、调匀。

　　3. 将鸡蛋煮成荷包蛋，盛入碗中，淋上少许麻油即可。

[健康功效]

　　鸡冠花清热止血，可用于治疗便血、崩漏、白带等症。

丁香花

常用别名： 百结、情客、紫丁香、子丁香。

花　　语： 光辉。

生 长 地： 主要分布在东亚、中亚和欧洲的温带地区，中国是丁香的自然分布中心。

适宜摆放地： 可以露植在庭院、园圃中，也可以盆栽摆设在书房、厅堂，或者作为切花插瓶，都会令人感到风采秀丽，清艳宜人。

花草特色

丁香是我国最常见的观赏花木之一，为常绿乔木。叶对生，革质，卵状长椭圆形。夏季开花，花淡紫色或白色，聚伞花序，大部分品种有香气，是重要的蜜源植物。有人认为调料中的丁香是丁香花的果实，实属张冠李戴，观赏用的丁香花是木犀科植物，调料丁香是桃金娘科植物，两者在亲缘关系上相去甚远，外形差异也颇大。

种养要点

日照 喜阳光，稍耐阴，需选择阳光充足的地方摆放。

温度 喜温暖，最适生长温度为 16～28℃，越冬温度为 0℃。冬耐寒，夏耐高温。冬季提前入室，可春节开花。

土壤 适宜生长于肥沃、排水良好的沙质土壤中。忌酸性土。

浇水 适应性强，生长期注意透浇水，盆土不可积水。

施肥　不喜大肥，切忌施肥过多，以免引起枝条徒长，影响开花。一般每年或隔年入冬前施1次腐熟堆肥即可。

修剪　春季发芽前，要对丁香进行整形修剪，剪除过密枝、细弱枝、病虫枝，中截旺长枝，使树冠内通风透光。

繁殖　常用播种繁殖，最佳播种时间为8～9月。种子播后10天左右出苗，苗高6～10厘米，有4～6对真叶时可移栽入盆，移栽时需带土团。

换盆　一般每隔2年换盆1次，时间宜在春季或秋季落叶后。换盆时可结合修剪根系，剪去枯根及过长的根，以利须根的发育。

病虫害防治　病虫害主要有褐斑病和介壳虫。褐斑病主要为害叶片，可在发病前或发病初期用1∶1∶100的波尔多液或50%的甲基硫菌灵可湿性粉剂1 000倍液喷洒。介壳虫可用50%马拉磷1000倍液喷杀。

健康"食用主义"

丁香花茶

[材料]

丁香花(干品)5克，柠檬皮丝(干品)1克，柠檬汁、椴树蜜、沸水适量。

[制法与用法]

1. 丁香入茶壶内，冲入沸水闷泡。
2. 加入柠檬皮丝，放置至温热。
3. 加入柠檬汁和椴树蜜调味，当茶饮用即可。

[健康功效]

丁香花味辛、性微寒，具有清肺祛痰、止咳、平喘、消炎、利尿功能。本品加入柠檬汁和蜂蜜，有助于改善口感。

石斛

常用别名： 是葫芦、林兰、金钗花、千年润、黄草、万丈须。

花　　语： 欢迎、祝福、吉祥。

生 长 地： 野生石斛主要分布在温暖、湿润、光线散射的亚热带森林中，如云南、贵州、广西。

适宜摆放地： 可露植在庭院中、附生于树干上，也可盆栽摆设在书房、厅堂等处，还可用于装饰假山。

花草特色

石斛中的药用品种被誉为"九大仙草"之首，是健脾养胃、滋阴明目的佳品，售价不菲。多年来，人们受商业宣传的影响，大多把石斛用于食用，而忽视了其观赏效果。金钗、鼓槌、姬竹叶等品种花形艳丽、花期长，观赏价值很高。石斛的生长环境也很独特，一般植物都是根部深深扎入土壤，而石斛不需要土壤，它可以扎根在石头或树皮上。

种养要点

日照 半阴生植物，适宜散射光，强光直射下容易生长不良。

温度 喜温凉，但对温度的适应性强，室温在15~38℃之间都能生长。在我国北方种植的，建议不要长时间放置于0℃以下。

土壤 石斛有"根不入土"之说，不要贸然使用土壤栽石斛，而要用苔藓、发酵过的树皮、木屑、泥炭土、石灰岩其中几种混合制成栽培基质。

浇水　可向叶面喷水，夏季每天浇水 1～2 次，秋冬 2～3 天或 1 周浇水 1 次。

施肥　一般不需要施肥。

修剪　开花后的老茎，鲜活的可以留着，如果变干就应该剪掉。

繁殖　常用扦插、分株繁殖，最佳繁殖时间为 5~6 月。选择 3 年左右的粗壮枝条，截成十多厘米长的段，每段保留几个节，要斜着剪，下部摘去叶片，斜着插入花盆。

换盆　栽种 3 年以后的石斛一般 1~2 年换盆分栽一次，或者看根系，如果紧贴盆壁，就应该换盆了。新盆最好比旧盆略大。

病虫害防治　石斛的病虫害较少，但一旦发生，容易蔓延、腐烂引起植株的死亡。因此，发病时重在防治病毒蔓延，需要切除受害枝条，并将病株进行隔离，以防传染。家养石斛不建议施用农药。

健康"食用主义"

鲜石斛炖全鸡

[材料]

　　石斛（鲜条）30 克，柴鸡一只（约 750 克），料酒 10 毫升，姜片、盐少许。

[制法与用法]

　　1. 将石斛鲜条摘去杂质，洗净，切片或拍散。

　　2. 汤锅中放鸡、石斛、姜片、料酒，武火烧开后文火炖 2 小时。

　　3. 加入盐调味即可。

[健康功效]

　　石斛具有滋阴、健胃、护肝利胆、抗疲劳等功效，属于比较热门、名贵的保健食品。除了炖汤、泡茶、榨汁饮用乃至嚼服都是常见的食用方法。

第四章

养眼又可口的阳台蔬果

番茄

常用别名： 刺番柿、六月柿、西红柿、洋柿子、毛秀才。

生长地： 原产于中美洲和南美洲，现作为食用蔬果遍布世界各地。

适宜摆放地： 室内阳光充足的阳台或窗台。

植物特色： 番茄是全世界栽培最为普遍的果菜之一，可生吃、可炒菜、可榨汁、可做酱，人称"蔬菜中的水果"。

种养要点

日照 喜光，但对光照要求并不严格，有些品种在短日照下也可提前现蕾开花。

温度 喜温暖，不耐寒。最适生长温度为 10 ~ 33℃，温度长时间低于15℃，不能开花或受精不良。

土壤 对土壤条件要求不太严格，但为获得丰产，促进根系良好发育，应选用土层深厚、排水良好、富含有机质的肥沃土壤。

Tips

番茄果实为浆果，肉质而多汁，橘黄色或鲜红色，光滑。一般以果形周正，无裂口、无虫咬，成熟适度，酸甜适口，肉肥厚，心室小者为佳。

浇水　嗜水好肥，生长期每天浇水2～3次，有时发现叶片萎蔫要及时喷叶面水，应避开中午高温时浇水。严防花盆积水，以免盆土黏重。

施肥　种植前可多施基肥，用较浓的有机肥或腐熟的猪粪、鸡鸭粪等，有时施用未腐熟的厩肥也无妨。

修剪　生长期间发现腋芽，应及时摘除。当植株开花绽花蕾时，要立支柱。花蕾长到枝上有3～4个花序时应摘掉顶端，以促使果实丰满。

繁殖　在花盆中间均播3～4粒饱满的番茄种子，覆盖薄土，浇水并置阴处，4～5天就能发芽。待幼苗长出2～3片真叶，选留1～2棵最茁壮的秧苗，移至有阳光的地方。

换盆　无需换盆。

病虫害防治　易发番茄花皮病，主要是在管理上下工夫，适当增加光照，科学确定播种期、定植期，施肥要合理。已出现上述病状的可以喷多元素肥。盆栽虫害较轻，主要虫害是红蜘蛛，可喷40% 水胺硫磷乳油 1000 倍液防治，每 15 天喷 1 次。

健康"食用主义"

番茄酱

[材料]

　　新鲜番茄 700 克，冰糖 100 克，柠檬 1 个。

[制法与用法]

　　1. 将去皮的番茄切成几大块，番茄中如果有未成熟的、绿色的籽，要去掉，以免影响口感。

　　2. 用搅拌机将切过的番茄打碎，这样可以避免在切碎的过程中损失太多的汁水。

　　3. 将打碎的番茄汁水倒入锅中，加入冰糖，煮开后转小火熬。煮至比较黏稠时，不时地用铲子搅一搅，避免粘锅。

　　4. 继续熬至黏稠，呈现"酱"的样子后，挤入适量柠檬汁，继续熬3～4分钟即可。

[健康功效]

　　番茄煮熟食用有助于补充抗氧化剂——番茄红素。番茄红素具有独特的抗氧化能力，能清除自由基，保护细胞，美容延缓衰老。多吃番茄可以使皮肤保持白皙、健康年轻。用番茄酱来做汤可以利尿润肠，特别适合现代快节奏生活、压力大的工作族。

草莓

常用别名： 洋莓、地莓、地果、红莓、士多啤梨。

生长地： 原产于南美洲，主要分布于亚洲、欧洲和美洲。

适宜摆放地： 阳光充足的窗台或阳台，冬季最好放置在向阳的封闭式阳台上。

植物特色： 草莓为多年生草本，在园艺上属浆果类花草，果实外观呈心形，鲜美红嫩，果肉多汁，有特殊的浓郁水果芳香，营养丰富，故有"水果皇后"之美誉。

种养要点

日照 喜光，但又有较强的耐阴性。光强时植株矮壮、果小、色深、品质好，中等光照时果大、色淡、含糖低，光照过弱不利草莓生长。

温度 对温度要求不是很高，只要温度不低于 –7℃，不超过 40℃ 就行，冬天低温时需移到室内养护。

土壤 宜生长于肥沃、疏松、中性或微酸性土壤中，可用充分腐熟的堆肥 3 份、菜园土 4 份、河沙 5 份，再加上少量腐熟的饼肥、鸡粪充

分混合均匀，碾细过筛即可。培养土在使用福尔马林溶液消毒。

浇水　对水分要求比较严格，不同生长期对水分的要求又稍有不同。浇水掌握"见干见湿"的原则，每4天左右浇1次透水，注意不要在中午温度过高时浇水。

施肥　在春季萌芽前，以追施氮肥为主，可用盆栽草莓专用肥，每10天用5克肥料，用时将肥料溶解后，随水浇入。

修剪　盆栽草莓不需要重修剪，但要及时除去多余的匍匐茎、老叶、病叶，以减少养分的消耗。可利用铁丝或竹签等做成不同形状的果架，放入花盆将果穗架起。也可利用匍匐茎按着盆景艺术原则进行造型，以提高其观赏价值。

繁殖　取生长良好的草莓藤蔓顶端的小植株分株，当小植株长到3～4片叶子时，可以把它剪下，栽种在另外的花盆中，栽植深度以不露根、不埋心为原则。土要按实，固定苗位，使土面与盆口保持3～4厘米距离。栽后浇透水，放置阴凉处3～5天，最好搬到光线充足处养护。

换盆　盆栽草莓结果2年后，应于结果后换盆。换盆时，先将植株从盆中取出，剪除衰老根、死根和下部衰老根茎，再栽入新的盆土中。

病虫害防治　盆栽草莓病虫害一般发生少或轻。蚜虫是草莓病毒的主要传播者，可用吡虫啉或1∶200的洗衣粉水加上几滴菜油充分搅拌后喷洒。

Tips

　　草莓是多年生草本植物，其种植有3年的周期。头一年仅能收获很少的草莓，生长良好的草莓藤蔓端头又会发出新的小植株，第二年就结果多得多，但到了第三年或之后，草莓的产量会明显下降，需要重新栽培。

健康"食用主义"

草莓玉米粥

[材料]

玉米粒 100 克，草莓 50 克，冰糖 2 克，鸡精 2 克，香油 3 克。

[制法与用法]

1. 把玉米粒放入水中熬煮。

2. 将草莓择洗干净，去蒂，放在容器里捣碎，加少许水、冰糖。放在锅里煮开，晾凉即可作甜品食用。

[健康功效]

此粥美味香甜，玉米中富含蛋白质和多种维生素，与富含维生素 C 的草莓同食，均衡营养，可防面部黑斑和雀斑。

草莓鲜奶抗皱面膜

[材料]

草莓 50 克，鲜奶一小杯，面粉适量（用于调节湿度）。

[制法与用法]

1. 将草莓捣碎，用双层纱布过滤，将汁液混入鲜奶。

2. 拌均匀后，将草莓奶液涂于皮肤上加以按摩。

3. 保留奶液于皮肤上 15 分钟后用清水清洗干净。

[健康功效]

此方既能滋润、清洁皮肤，更具温和的收敛作用及防皱功能。

中医认为，草莓性味甘、凉，入脾、胃、肺经，有润肺生津、健脾和胃、利尿消肿、解热祛暑之功，适用于肺热咳嗽、食欲不振、小便短少、暑热烦渴等。饭后吃一些草莓，可分解食物脂肪，有利消化。草莓的果实不仅可生食，还可制果酒、果酱、布丁、松饼和蛋糕装饰等。

柠檬

常 用 别 名： 柠果、洋柠檬、益母果。

生 长 地： 原产于东南亚，现主要产地为美国、中国、意大利、西班牙和希腊。

适宜摆放地： 窗台、阳台等阳光充足的地方。

植 物 特 色： 柠檬是柑橘类中最不耐寒的种类之一，因其味极酸，肝虚孕妇最喜食，故称益母果。柠檬中含有丰富的柠檬酸，被誉为"柠檬酸仓库"。

种养要点

日照 喜光，也耐阴，然而阳光过分强烈，则生长不良。

温度 喜温暖，不耐寒。最适生长温度为 23 ~ 29℃，超过 35℃停止生长，–2℃即受冻害。夏季一般不需降温，在霜降前入室，清明后出室，可安全越冬。

土壤 适宜土层深厚疏松、含有机质丰富、保湿保肥力强、排水良好、pH5.5 ~ 6.5 的微酸性土壤。

Tips

柠檬被誉为女人的水果，能去斑、防止色素沉着，内服外涂均能达到效果。因柠檬味道特酸，故常作为上等调味料，用来调制饮料菜肴、化妆品和药品。作为调味品，柠檬除了能增添酸味口感，还有助于去除腥味及食物本身的异味，以及减少食材中维生素C的流失。

浇水　春夏要多浇水，但要适时适量。晚秋与冬季时盆土则要偏干。

施肥　喜肥，要多施薄肥，上盆、换盆要施足基肥。植株在萌芽前施 1 次腐熟液肥，以后每 7 ~ 10 天施 1 次以氮肥为主的液肥。入秋后，施肥应减少，避免植株营养过剩而造成落果。

修剪　在春梢萌发前，必须进行强度修剪，去除枯枝、病害枝等。春梢长齐后，为控制其徒长，应剪去枝梢 3 ~ 4 节。以后长出的新梢有 6 ~ 8 节时就摘心。幼树较适宜在冬季修剪。

繁殖　多用嫁接的方法繁殖。柠檬的砧木多选用枳橙，也可用柑、橙、红橘，选择优良单株接穗。春季用单芽切接法，秋季用小芽复接法。

换盆　盆栽柠檬在每年 3 ~ 4 月必须换盆换土，否则营养跟不上，影响坐果。若花盆还适合，可原盆换上新营养土，换盆换土时应施基肥。

病虫害防治　盆栽病虫害较少，主要有红蜘蛛、黄蜘蛛、锈壁虱等虫害，可人工刮除，也可选用 20% 双甲脒乳油 1000 倍液、73% 炔螨特乳油 2000 倍液或 20% 哒螨酮可湿性粉剂 2000 倍液喷杀。

Tips

　　柠檬对种植水平比较挑剔，有的花友在柠檬刚买回家时往往枝繁叶茂、花果兼具，但养一段时间之后只开花、不结果或少结果，甚至不开花。这必须在水、肥、修剪等环节多下工夫。

健康"食用主义"

蜂蜜柠檬水

[材料]

柠檬 2~4 片，蜂蜜适量（也可不放）。

[制法与用法]

将干柠檬片或者鲜切的柠檬片用开水泡开，可以重复冲泡，饮用时可以加入蜂蜜调味。

[健康功效]

柠檬既能消脂、去油腻，又能美白肌肤，有生津止渴、发汗解表、化痰止咳、祛脂降压、消食健脾、消炎止痛的功效。常喝柠檬水还能防治心血管疾病和降低血糖。

柠檬祛斑面膜

[材料]

柠檬半个，水适量，面粉 3 匙。

[制法与用法]

1. 将半个柠檬挤汁，加水稀释，放入面粉，搅成糊状。

2. 取适量敷面，30 分钟后洗去。

3. 每周至多使用 2 次。

[健康功效]

柠檬具有淡化黑斑、雀斑和美白的美容功效，配合面粉敷脸，有助肌肤更清爽、润泽及紧致。

黄瓜

常用别名： 胡瓜、青瓜。

生 长 地： 由西汉时期张骞出使西域带回中原，现广泛分布于中国各地。

适宜摆放地： 适宜放置在庭院的院边、阳台、走廊、屋(楼)顶等地方。

植物特色： 盆栽既可观赏，又可随时摘食，是阳台蔬果和家庭小菜园中很受欢迎的一个品种。

种养要点

日照 盆栽可置于阳台光照充足处，生长良好。

温度 喜温暖，生长最适温度为 10 ~ 32℃。白天适温较高，为 25 ~ 32℃，夜间适温较低，为 15 ~ 18℃。

土壤 宜选择富含有机质的沙质土壤，且 pH 为中性或微酸的土壤栽培。

Tips

眼睛感到累时，可将黄瓜切片，盖在眼睑上，平卧放松 15 分钟，紧绷着的眼皮便会得到松弛和恢复。此"眼膜"实惠又好用。

浇水　每次浇水量要少，而浇水的次数要多。结瓜以前，以维持土壤不干为度。开花期间，也不能浇水过大。从根瓜形成以后，要逐渐增加浇水次数。夏季比春、秋季浇水多。

施肥　盆栽黄瓜根系数量少，只靠土壤追肥难以达到高产，故进行叶面追肥非常必要。追肥时，一定不要过量，否则易出现伤根、死苗。追肥宜掌握少量多次。

修剪　无需修剪，但需及时搭好支架。

繁殖　一般于早春 1 ~ 3 月播种。将饱满的种子按一定距离间插于培养土内，撒上适量水即可。

换盆　无需换盆。

病虫害防治　盆栽病虫害少，但易发白粉病，需加强栽培及浇水管理，并增施磷钾肥，以提高植株的抗病力。注意室内通风、透光、降湿。可选用的保护剂有各种硫制剂，如用 50% 硫悬浮剂 500 倍液，40% 百菌清悬浮剂 600 倍液等喷洒。

健康"食用主义"

拍黄瓜

[材料]

黄瓜 2 根，香菜 10 克，蒜 5 克，盐 5 克，白糖 3 克，白醋 5 克，鸡精 2 克，香油 1 克。

[制法与用法]

1. 将黄瓜洗净，拍酥，切段，蒜拍蒜泥备用。

2. 香菜洗净切成末，倒入蒜泥、白醋、盐、白糖、香油、鸡精拌匀即可食用。

[健康功效]

黄瓜含有胡萝卜素、抗坏血酸及其他对人体有益的矿物质，硫胺素、核黄素的含量甚至高于番茄。

Tips

　　黄瓜适合生食，这能较少地破坏黄瓜中的营养。

　　黄瓜还是美容圣品，可以收敛和消除皮肤皱纹，对皮肤较黑的人效果尤佳。

薄荷

常用别名： 番荷菜、升阳菜、人丹草、野仁丹草、水益母等。

生 长 地： 原产于北半球温带地区，如西班牙、美国，现广泛分布于世界各地。

适宜摆放地： 阳台、窗台均可，甚至能放在新装修的居室中。

植物特色： 薄荷药食兼用，近年来也是一种备受青睐的野菜，作为调味品则是由来已久，是西餐的重要成员，在我国南方烹鱼时也经常使用。

种养要点

日照 喜光，适宜生长在阳光充足的环境。

温度 喜温暖，最适生长温度为 25 ~ 30℃。气温低于 15℃时生长缓慢，高于 20℃时生长加快。在 20 ~ 30℃时，只要水肥适宜，温度越高生长越快。所以可通过调整环境温度来调整其生长速度。

土壤 对土壤的要求不严，只要不是过沙、过黏、酸碱度过重的都可以。但在疏松肥沃、富含有机质的土壤中会长得更茂盛。

Tips

薄荷香味芬芳沁爽，是一种重要的香料。在家养上一盆薄荷，除了可以时不时摘几片叶子为菜肴添香，还有助于净化空气。

浇水　喜湿。盆土表面有发白或有裂隙感时就要浇水，土壤有潮湿感就不浇。浇水过量的症状一般是烂根、黄叶，浇水过少的症状一般是叶片萎蔫、变干。

施肥　生长初期不要轻易施肥，待其根系稳定后酌情施肥。市面上针对绿叶植物的花肥，大多都适合薄荷。某些有益的有机肥料，如蚯蚓土、蔬菜营养土等，通过网络也很容易买到。有兴趣的读者可以试试用磷酸二氢钾按 1 克兑水 100 毫升的比例配置肥料，隔两周左右喷 1 次叶面，这样可以让叶片长得更茁壮。

修剪　待其生长茂盛之后，掐去顶端即可，具体位置在从上往下第二或第三片复叶。这有助于遏制疯长乃至"爆盆"。

繁殖　一般于每年 3 ~ 4 月间选取其粗壮的根状茎 8 厘米左右数根，埋入花盆中，过 20 天左右能萌出新植株。也特别适合采用扦插或分株的方法繁殖。

换盆　生长过于繁盛时需要换盆，换盆时需要换大些的花盆，适量浇水，注意不要伤到根，也不要被阳光直射。可结合换盆进行分盆。

病虫害防治　家养薄荷较少长害虫，若有，可人工除虫。病害以锈病为主，对于锈病，需要注意做好日常肥水工作。

健康"食用主义"

提神解郁薄荷茶

[材料]

薄荷（干品）2 克，绿茶 5 克。

[制法与用法]

将薄荷、茶叶放入杯中，适量沸水冲泡后即可饮用。

[健康功效]

薄荷茶可镇静紧张情绪、提神解郁、止咳、缓解感冒、恶心头痛、开胃助消化，可消除胃胀气或消化不良，以舒解喉部不适。

石榴

常用别名： 安石榴、若榴、丹若、金婴、金庞、涂林、天浆。

生长地： 原产波斯（今伊朗）一带，公元前二世纪时传入我国。

适宜摆放地： 小型盆景可置于书桌、玄关处，中大型盆景可放置于客厅、阳台，也可直接栽植于庭院内。

植物特色： 石榴花果并丽，火红可爱，又甘甜可口，被人们喻为繁荣、昌盛、和睦、团结、吉庆、团圆的佳兆。

种养要点

日照　喜欢阳光充足的环境，每天光照时数最少达 4 小时以上才能开花，在整个生长发育期，花盆都要置于阳光充足通风处。

温度　喜温暖，最适生长温度为 8 ~ 24℃，低于 5℃时生长不良。盆栽石榴低温需室内越冬，2℃以上即可。因为盆土太浅，根系容易冻伤。

土壤　喜湿润肥沃的石灰质土壤，且 pH 在 6.5 ~ 8.0 之间为宜。可按园土 3 份、腐叶土 3 份、厩肥 2 份、细沙 2 份混匀即可，或者按马粪、园土、细沙各 1/3 的比例混合配成培养土。

Tips

　　农历的五月，是石榴花开最艳的季节，五月因此又雅称"榴月"。在温带，石榴为落叶灌木或小乔木，在热带则是常绿树。

浇水　喜干燥。盆栽浇水要求"见干见湿，不干不浇，浇则浇透"。夏季炎热时可适当向枝叶上多喷水。

施肥　盆栽应施足基肥，入冬前再施1次腐熟的有机肥。施肥遵循"薄肥勤施"的原则，生长旺盛期每周施1次稀磷钾液肥。

修剪　为达到株型美观的效果，需时常修剪细密杂乱的枝条，剪除干枯枝、徒长枝、交叉枝、病弱枝、密生枝等。

繁殖　扦插繁殖可在春季选二年生枝条或夏季采用半木质化枝条扦插均可，插后15～20天生根。分株繁殖可在早春4月芽萌动时，挖取健壮根蘖苗分栽。压条春、秋季均可进行，芽萌动前用根部分蘖枝压入培养土中，经夏季生根后割离母株，秋季即可成苗。

换盆　每年秋季落叶后至翌年春季萌芽前均可换盆，换盆时应施足基肥。

病虫害防治　坐果后，病害主要有白腐病、黑痘病、炭疽病。以预防为主，坐果前用33%水灭氯乳油1500倍液，喷施在石榴树正反叶面上防治。坐果后的病害可半个月左右喷1次等量式波尔多液200倍液，可预防多种病害发生。

健康"食用主义"

石榴夏枯草汤

[材料]

　　白石榴花、夏枯草各30克，黄酒少量。

[制法与用法]

　　将白石榴花、夏枯草水煎或加少量黄酒服用，或研末，每次服6克，每日3次，开水送服。

[健康功效]

　　此药汤可治肺结核。石榴果实不

仅能生食，晒干研末还可止血，煎服、捣烂可治口疮、脱肛等病症。石榴花泡水洗眼可明目。

金橘

常用别名： 金柑、洋奶橘、牛奶橘、金枣、金弹、金丹。

生长地： 原产于我国，分布于秦岭、长江以南地区。

适宜摆放地： 生长期摆放在阳台等阳光充足处，坐果后可放置于客厅显眼处。

植物特色： 金橘是著名的观果植物，枝叶茂密，冠枝秀雅，花朵皎洁雪白，娇小玲珑，芳香四溢，熟果为金黄色。

种养要点

日照 喜光。盆栽要放在阳光充足的地方。光照不足、环境荫蔽，往往会造成枝叶徒长，开花结果不多。盛夏光照强烈时宜放在略遮阴处为好。

温度 喜温暖，不耐寒。最适生长温度为22～28℃，越冬温度最好能保持在6～12℃，温度过低易遭受冻害，过高会影响植株休眠，不利于来年开花结果。

土壤 比较耐旱，要求排水良好、肥沃、疏松的微酸性沙质土壤。

Tips

金橘分为食用和观赏两类。食用类有圆金橘、长叶金橘等。不能食用、仅供观赏的有四季橘、山金橘等。观赏用金橘一直以来都是广东一带最好的贺岁物品。

浇水　喜湿润但忌积水，生长期间保持盆土适度湿润为好，以使盆土保持不干不湿的半墒状态为宜。

施肥　枝条长齐时施 1 次速效性磷肥，如过磷酸钙。

修剪　春季发芽前要剪去枯枝、病虫枝、过密枝和徒长枝，每个枝条只留基部 2 ~ 3 个芽。开花时应适当疏花，节省养分。着生幼果后，可适度疏果，使全株果实均匀。秋季剪除枝梢，不使二次结果，可提高观赏价值。

繁殖　常用嫁接繁殖。砧木常用枸橘、酸橙，一般采用芽接与枝接。芽接 6 ~ 9 月进行，盆栽常用靠接，第二年萌芽前移植。枝接多在 3 ~ 4 月里用切接法。嫁接成活后的第二年萌芽前可移栽，要多带宿土。

换盆　一般 3 年左右换 1 次盆。换盆应该在开花以前。新盆的大小要视植株的生长情况而定，盆底也需用碎瓦片做好排水层。边填土边压实，最后浇 1 次透水，放置于阴处。换盆时最好给金橘施 1 次腐熟的有机肥。

病虫害防治　一般只有黄凤蝶（又名柑橘凤蝶）危害。对此虫害的防治为幼虫期喷 50% 杀螟松 1000 倍液或 80% 敌敌畏 1000 倍液，可结合人工捕杀虫蛹。

健康"食用主义"

金橘萝卜汁

[材料]

白萝卜 200 克，中等大小香梨 1 个，金橘 100 克。

[制法与用法]

1. 金橘切小块，白萝卜去皮切小块，香梨切小块。

2. 混合榨汁即可。

[健康功效]

此汁是咳嗽痰多、烦渴、咽喉肿痛者的食疗佳品，也适合给宝宝饮用。

佛手

常用别名： 九爪木、五指橘、佛手柑。

生长地： 主产于闽、粤、川、江、浙等省，其中浙江金华佛手最为著名。

适宜摆放地： 家中向阳的地方，如阳台、窗台。

植物特色： 佛手外观金黄色，芳香浓郁，果实形如人手，千姿百态。把挂果的佛手盆景摆至案头，赏心悦目，沁人心脾，是闻香观果的特有珍品。

种养要点

日照 喜光，不耐阴。不论哪个季节，不论是在室内还是在室外，都应把它放在有阳光直射的地方。

温度 喜温暖，耐寒性较弱，最适生长温度为20～25℃。低于0℃易受冻害，低于−8℃易死亡。气温低于5℃时须移至室内温暖处越冬。

浇水 喜湿润，盆土表层应不干不浇，浇则浇透，全年如此。高温季节要移至凉爽通风而又遮阴的地方养护。

Tips

佛手果形奇特，观赏价值高，而且全身都是宝，根、茎、叶、花、果均可入药，具有理气化痰、舒肝健胃、延年益寿之功效。素有"果中之珍品，世上之奇卉"之称。浙江金华是"中国佛手之乡"，在海内外享有盛誉。

土壤　适合疏松肥沃、富含腐殖质、排水良好的酸性土壤、沙质土壤或黏土壤。最好采用 80% 的红沙土再加上 20% 焦泥灰混合而成，也可用 70% 清水沙、25% 肥沃的园土和 5% 腐熟干燥的鸡粪混合而成。

施肥　一年施 4 次肥，分别在立春、4 月、5 月或 6 月和采果后。

修剪　当年栽当年开花结果的，要及早摘去花芽，以促使树形的粗生长和扩冠生长。进入花果盛期的树体一般在 3 月萌芽和秋冬果实采收后进行修剪。佛手生长快、分枝多，必须每年进行合理修剪整形，使树势旺盛，促进结果。

繁殖　扦插应选 7～8 年生的健壮母树枝，插于土壤较厚的沙土中，切不可插倒。

换盆　每年春季换盆 1 次，换盆时施饼肥、蹄片、骨粉作基肥。盆土的配比为腐殖土 60%、河沙 30%、泥炭土或炉灰渣 10%。

病虫害防治　若发生煤烟病，需要排水、修剪，使其通风透光。防治潜叶蛾、桔橘凤蝶、玉带凤蝶幼虫可用 90% 晶体敌百虫 1000 倍液；通过剪除虫枝或用 40% 乐果乳油 1000 倍液或 25% 亚硫磷乳油 1000 倍液喷洒叶面可除吹绵蚧。

健康 "食用主义"

佛手郁金粥

[材料]

　　佛手（干品）15 克，郁金 12 克，粳米 60 克，清水适量。

[制法与用法]

　　1. 将佛手、郁金、粳米一起放入锅内，加清水适量。

　　2. 武火煮沸后，文火煮成粥。

　　3. 可作早晚餐食用。食用前可加糖调味。

[健康功效]

　　此粥疏肝解郁、理气和中、化痰，可治慢性胆囊炎。

辣椒

常用别名： 辣子、辣角、海椒、番椒、大椒、辣虎、广椒。

生 长 地： 原产于拉丁美洲热带地区，原产国是墨西哥。现我国各地大量栽培。

适宜摆放地： 阳光充足的地方，如窗台、阳台。

植物特色： 一年或多年生草本植物，叶子卵状披针形，花白色。果实大多像毛笔的笔尖，也有灯笼形、心脏形等。果实未熟时呈绿色，成熟后变为红色或黄色。

种养要点

日照 对光照要求不严，但光照不足会延迟结果并降低结果率。

温度 喜温暖，最适生长温度为10～30℃，幼苗期耐寒性差，要求较高的温度，以不低于15℃为宜，随着植株的生长，对温度的适应能力增强。

土壤 最适生于土质疏松，含有机质多，排水和透气性优良的沙质土壤。入盆前营养土可用1：1的塘泥与泥炭土，入盆后可选园土或泥炭土和沙按一定比例配比。pH为6.2～8.5的范围内均可栽培。

Tips

辣椒一般有辣味，以果实、根和茎枝供食用和药用。对土壤等环境的适应性很强，又极具观赏性，非常适合阳台种植。

浇水　可以用淘米水，既能当水，又有肥效。如果连续高温，可早晚各浇水 1 次，中午不能浇水。

施肥　入盆后每隔 15 天每盆添加 5 ~ 10 克复合肥。

繁殖　常用播种繁殖。每年的 4 ~ 5 月直接播种，或将买来的辣椒种子置于 50 ~ 55℃的温水中浸泡 20 分钟。播种前先将准备好的营养土装入盆内，距盆沿 3 ~ 4 厘米即可，并浇透水，待土壤稍干即可间隔 10 ~ 12 厘米播种 1 ~ 2 粒种籽，播后覆盖 1 厘米细土。

修剪　生长期内基本不用整枝。

换盆　无需换盆。

病虫害防治　易发青枯病及辣椒疫病。青枯病以预防为主，日常管理要及时检查，发现病株立即拔除、烧毁。辣椒疫病在整个生长期都可发生，且易造成毁灭性损失。若辣椒疫病是土壤传染，防治时必须用农药灌根，如用 25% 早霜灵或 58% 早霜灵锰锌，浓度为 500 倍液。

健康"食用主义"

辣椒梗防冻浴液

[材料]

辣椒梗 500 克，清水适量。

[制法与用法]

将辣椒梗清洗干净，切碎后放在锅里，加水适量煮沸，取其汁液，每天傍晚洗擦易患冻疮的部位，连洗 5 ~ 7 天可见成效。

[健康功效]

有活血消肿的功效，可防生冻疮。

由于辣椒中辣椒素的刺激性太强，如果过量食用，很多人是承受不了的，尤其是患有肾病、高血压、慢性泌尿系统感染、慢性胃炎、消化性溃疡、慢性咽炎和扁桃体炎、皮肤病和痔疮等患者，要少吃或不吃。

香菜

常用别名： 香荽、胡菜、原荽、园荽、芫荽等。

生长地： 原产于中亚和南欧，或地中海东部沿岸一带。现在我国各地均有栽培。

适宜摆放地： 阳光充足的窗台或阳台最好。

植物特色： 香菜为一年生或二年生草本，有强烈的特殊气味。养得好的香菜色泽青绿，质地脆嫩，气味扑鼻。

种养要点

日照 喜充足光照，所以朝南的阳台最好，朝西温度过高容易导致晒死。光照不足容易徒长，根部过高。

温度 喜冷凉，不耐高温，最适生长温度为 17～20℃。能耐 -1～2℃的低温，气温超过30℃时便停止生长。

土壤 对土壤水分和养分要求均较严格，保水保肥力强、有机质丰富的土壤最适宜其生长。盆土可用园土与营养土按1:1比例配制，或者在普通的土壤底下15厘米铺一层发酵有机肥。

Tips

香菜是著名的调味品，它的嫩茎和鲜叶有种特殊的香味，和牛肉等肉类特别匹配，常被用作菜肴的点缀、提味。

浇水　喜湿润，应经常浇水，保持土壤湿润。亦可在土壤稍干燥时及时浇水，但在土壤湿润后应及时排去盆土内的积水，以免影响植株生长。

施肥　进入生长旺期，通常每 7 ~ 10 天施肥 1 次。坚持肥水结合、轻浇勤浇，经常保持土壤湿润，不断供给充足养分。

修剪　无需修剪，只需适时拔除杂草即可。

换盆　无需换盆。

繁殖　常用播种繁殖。每年的 4 ~ 5 月，选择当年的新种进行播种，种子要饱满，颜色新鲜，种后用手摁一下，再浇水，以保持土壤湿润，便于出苗。

病虫害防治　由于香菜不耐热，生育期短，若安排不好，往往出现早抽薹，所以种植时应选择耐抽薹品种。此外，香菜易发生菌核病，菌核在土壤中可长期存在，播种之前盆土最好进行消毒，整个生长期要加强通风，降低湿度以减轻病害发生。

健康"食用主义"

香菜荸荠汤

[材料]

香菜连须 3 株，荸荠 3 个，紫草茸 3 克。

[制法与用法]

将以上 3 种原料加水大半碗，煎 15 分钟后滤汁，分 2 次服用，隔 4 小时服 1 次，在麻疹将要出疹时服用，可防止并发症。

[健康功效]

香菜辛、温，归肺、脾经，具有发汗透疹、消食下气、醒脾和中的功效，主治麻疹初期、透出不畅及食物积滞、胃口不开、脱肛等病症。

Tips

将水烧开后，放入 500 克左右洗干净的香菜煮 1 ~ 2 沸，然后将水倒入浴盆中，先以热气熏，后用水洗手足，可治麻疹应出不出或疹出不透。

葡萄

常用别名： 蒲桃、草龙珠、山葫芦、李桃。

生 长 地： 原产于亚洲西部地区，世界上大部分地区都有栽培。

适宜摆放地： 家庭盆栽葡萄，要将盆摆放在南向阳台上，或向阳窗台上。

植物特色： 葡萄为落叶藤本植物，浆果色泽随品种而异。人类在很早以前就开始栽培这种果树，如今在全世界水果产量中占重要地位。

种养要点

日照 喜光，对光的要求较高，光照时数长短对葡萄生长发育、产量和品质有很大影响。

温度 喜温暖，不耐寒。在不同生长时期对温度的要求是不同的。萌芽要求平均温度在 10 ~ 12℃，开花、新梢生长和花芽分化期的最适温度为 25 ~ 30℃；低于 10℃时新梢不能正常生长，低于 14℃葡萄就不能正常开花。葡萄成熟的最适温度是 28 ~ 32℃。

土壤 宜选用含有腐殖质的土壤，因若含有很多的腐殖质，保肥、保水、透气性能均良好，又略带微酸性，适合盆栽葡萄的生长发育。可取 5 份腐熟的有机干肥、3 份园土、2 份沙土混合，再适当掺些腐熟肥作为培养土。

浇水　平时必须保证浇水及时，要保持盆土正常较湿润。生长期应多浇，而开花结果时少浇，以防落花落果。

施肥　施肥以少而勤为原则，不可施生肥、浓肥、重肥。

修剪　葡萄修剪的原则是"宁短勿长"。在栽培的当年应着重培养主茎，其余的新梢在萌发后不久应全部摘除。当主茎长至0.5米时去顶芽，促使其腋芽生长。翌年春季用四角架绑枝上架造型，使枝条分布有序，增强观赏性。

繁殖　扦插繁殖于春季发芽前的4月进行，插穗选用中段健壮枝条，裁成段，使每段上留有1～3个节，下端剪口接近芽眼，插入培养土。培养土要保持稍湿润，但不宜过湿。至5月下旬可生根，上盆后要放在半阴处缓苗，后逐步转入正常管理。

换盆　栽培一定时间后必须换盆，以便及时改善盆栽葡萄的营养条件。换盆时，盆必须用1%漂白粉液浸泡5分钟，取出后用清水冲洗，晒干再用，以减少病虫害。换盆时间为落叶后至萌芽前。结合换盆可剪去或剪短部分老根和沿盆壁卷曲过长的须根。

病虫害防治　盆栽葡萄病虫害较少，往往会因光照不足，植株生长不良，枝蔓细弱，只开花不结果。只需搬至温暖、阳光充足的地方养护一段时间即可。

Tips

　　葡萄往往代表多福、满意，本意不错，有观赏及旺财旺丁之涵义，但家中不是果园，不适合种太多，因为福气只可足不可满，一满就会溢出事来。

　　此外，提子是葡萄的一种，二者尽管口感各异，但在营养上并没有多大差别。

健康"食用主义"

葡萄布丁

[材料]

面包 300 克，鸡蛋 70 克，葡萄干 30 克，牛奶 200 克，吐司 100 克，香薷 5 克，猪油（炼制）15 克，淀粉（豌豆）20 克，白砂糖 45 克。

[制法与用法]

1. 面包去黄边，撕成块状，用清水泡软，葡萄干也泡软。

2. 蛋打散，边加白糖 30 克、牛奶、香薷、猪油，边打匀。

3. 将面包挤去水，与葡萄干一同加入打匀的调料中，并搅拌，使其充分混合。

4. 模型抹油，倒入汁液，覆上微波薄膜，用高火蒸 4 分钟，取出扣在盘子上。

5. 将牛奶、白糖 15 克拌匀，用高火煮 1 分钟到滚后，迅速调入干淀粉勾芡，淋于布丁上即可。

[健康功效]

葡萄当中的糖易被人体吸收，这是因为葡萄中的糖主要是葡萄糖，另外它还含有各种有机酸和矿物质、维生素。多吃葡萄可以帮助血液循环，又可增加身体中的血色素。

自制葡萄酒

[材料]

紫色葡萄 2500 克，绵白糖 500 克。

[制法与用法]

1. 葡萄简单冲洗，只需要把杂质脏污冲洗掉就可以了，尽量不要破坏果皮表层的果霜。之后沥干水分。

2. 准备干净的陶瓷或玻璃坛子，容量一定要足够大。

3. 把控干水分的葡萄捣碎，越碎越好，捏碎的葡萄铺在坛中，铺一层葡萄撒一层糖。最上面一层多撒糖。

4. 用多层保鲜膜覆盖在容器口，再用皮筋或者绳子将保鲜膜扎紧，将外盖盖上。

5. 将坛子放在阴凉的地方发酵一个月左右。饮用前可过滤果渣。

[健康功效]

每日饮适量的葡萄酒，对心脑血管疾病有一定的预防作用。

Tips

葡萄全身都是宝，葡萄汁被科学家誉为"植物奶"。葡萄籽富含一种营养物质"多酚"，其抗衰老的能力是维生素 E 的 50 倍，是维生素 C 的 25 倍。葡萄还有药用价值，干葡萄藤用水煎服可治妊娠恶阻。